趣玩物理实验

[俄] 雅科夫·伊西达洛维奇·别莱利曼 著

叶芳芳 译

中国青年出版社

图书在版编目（CIP）数据

趣玩物理实验 /（俄罗斯）雅科夫·伊西达洛维奇·
别莱利曼著；叶芳芳译 . — 北京：中国青年出版社，
2025. 1. — ISBN 978 – 7 – 5153 – 7474 – 1

Ⅰ. O4–49

中国国家版本馆 CIP 数据核字第 2024GP1442 号

责任编辑：彭岩
出版发行：中国青年出版社
社　　址：北京市东城区东四十二条 21 号
网　　址：www.cyp.com.cn
编辑中心：010 – 57350407
营销中心：010 – 57350370
经　　销：新华书店
印　　刷：三河市君旺印务有限公司
规　　格：660mm × 970mm　1/16
印　　张：12
字　　数：153 千字
版　　次：2025 年 1 月北京第 1 版
印　　次：2025 年 1 月河北第 1 次印刷
定　　价：58.00 元

如有印装质量问题，请凭购书发票与质检部联系调换
联系电话：010 – 57350337

目录

第一章　致年轻的物理学家们

——

1.1　比哥伦布还厉害

"哥伦布是一位伟人，"一个小学生在自己的作文里写道，"他发现了美洲，并且竖起了鸡蛋。"在这个年幼的小学生看来，这两项成就同样地令人惊叹。不过，美国幽默作家马克·吐温却认为，哥伦布发现新大陆一点也不值得大惊小怪："如果他没发现美洲，那才奇怪呢。"

我倒是觉得，这位伟大航海家的第二项成就没什么了不起的。你知道哥伦布是怎么把鸡蛋竖起来的吗？他就是把鸡蛋放在桌上，敲破了蛋壳的下端。当然，这样一来，他就改变了鸡蛋的形状。那么，怎么能够不改变鸡蛋的形状而把它竖起来呢？勇敢的航海家到底也没有解决这个问题。

其实，这件事比发现美洲，甚至比发现一个弹丸小岛都要容易得多。告诉你三个方法：第一个方法能把熟鸡蛋竖起来，第二个方法是把生鸡蛋竖起来，第三个方法是能竖生熟两种鸡蛋。

要竖熟鸡蛋，只要用一只手的手指或者用两个手掌把鸡蛋转起来，就像玩陀螺那样就可以了：鸡蛋就会开始竖着旋转，直到停止旋转之前，鸡蛋都会保持直立的状态。试过两三次之后，这个方法做起来就会非常容易。

用这个方法竖生鸡蛋就不行了，因为——你大概已经发现——生鸡蛋很难转起来。顺便说一句，这是个鉴别生鸡蛋和熟鸡蛋的好办法。生鸡蛋里面的液状物质不能跟着蛋壳一起快速地旋转，好像是要阻碍旋转一样。那么就必须找到别的办法来把鸡蛋竖起来。方法确实有：要用力地把生鸡蛋摇晃几次，这样蛋黄表面的薄膜就会裂开，蛋黄就会流出来；然后把鸡蛋大头朝下持续一段时间，这时，蛋黄——因为比蛋清重——就会沉到鸡蛋底部汇聚起来。这样，鸡蛋的重心就变低了，它比没有处理过的鸡蛋获得了更大的稳定性。

最后，还有第三种竖鸡蛋的方法：把鸡蛋放在（比如）一个塞住的瓶口上，再把一个两侧各插一把叉子的软木塞放在鸡蛋上（图1）。这整个"系统"（用物理学家的话来说）是非常稳定的，即使小心地倾斜瓶子，它也能保持平衡。但是为什么软木塞和鸡蛋不掉下来？这跟在铅笔上插上一把小刀，然后把它垂直竖在手指上，铅笔不会掉是一个道理（图2）。科学家大概会这样向你解释："因为系统重心比支持点低。"这就是说，"系统"重量集中的那个点，比它架住接触的那个地方要低。

图 1

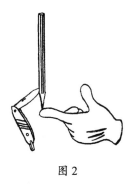

图 2

1.2 离心力

打开一把雨伞，伞顶向下放在地上，然后把伞转起来，同时往里扔一个小球、纸团或者手帕——总之任何重量轻、不易碎的东西都可以。这时一定会发生你意想不到的事情。雨伞似乎不愿意接受礼物：小球或者纸团自己就向上一直滚到雨伞的边沿，然后从那儿沿着直线飞了出去。

在这个实验中把小球抛出去的力，一般被称为"离心力"，虽然准确一点应该叫做"惯性"。只要物体进行圆周运动，就会有离心力。它其实就是惯性——运动的物体维持运动方向和运动速度的倾向——的一种表现形式。

我们碰到离心力的时候，其实远比我们以为的要多。如果你把一个系在绳子上的石头甩起来，你会感觉到绳子在离心力的作用下绷得很紧，而且可能要断掉（图3）。古时候抛石头的武器——投石器——就是利用同样的原理。如果磨盘①转得太快或者不够牢固，离心力就会弄碎它。如果做得好，离心力还能帮你变戏法：把杯底朝上，杯子里的水也不会倒出来。变这个戏法只要在头顶上把杯子快速地晃起来，让它做圆周运动就可以了。离心力帮助马戏团的自行车手完成令人头晕目眩的"超级筋斗"（图3）。所谓的离析器也是利用离心力把凝乳从牛奶中分离出来；离心分离机利用离心力把蜂蜜从蜂房中抽汲出来；特制离心脱水装置利用离心力甩干衣服，等等。

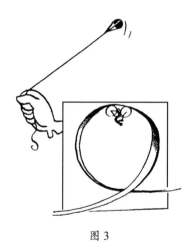

图 3

---

① 磨盘：用来把谷粒磨成面粉的石轮。——作者注

当有轨电车的行驶线路突然改变时，比如从一条街道转入另一条街道，乘客就会明显地感受到离心力把自己挤向车厢靠外的一侧。如果外侧的车轨没有按规定铺得比内侧车轨稍高一些，那么电车行驶得太快时，整个车厢就可能因为离心力的作用而翻倒。在正确铺设的车轨上，车厢在转弯时会稍稍向内倾斜。这听起来太奇怪了：倾斜的车厢竟然比水平的稳定！

但事实就是如此。一个小实验就能帮助你弄明白这是怎么回事。把一张硬纸板卷成宽口的喇叭形，不过如果能在家里找到侧壁成圆锥形的小碗就更好了。最适合的是圆锥形的玻璃罩或者铁皮罩——灯罩就可以。准备好以上任何一种物品，在里面放上硬币、小金属片或者戒指。让它们沿着器皿做圆周运动，就会清楚地看到它们向内侧倾斜。随着硬币或者戒指的速度变慢，它们会慢慢趋向器皿的中心，圆周会渐渐变小。不过只要稍稍转动器皿就能让硬币重新转快起来——这时候硬币会离开中心，圆周也会不断变大。如果硬币加速得太快，就很可能会完全滑出器皿。

为了进行自行车比赛，赛车场里铺设了特别的环形赛道。你能看到，这些赛道——尤其是急转弯的地方——都明显地向内侧倾斜。自行车在上面骑行时都倾斜得非常厉害，——就像你碗里的硬币——而它们不仅不翻倒，相反，恰恰在这种状态下变得特别稳定。马戏团的自行车手能够在剧烈倾斜的木板上绕骑，观众们对此惊叹不已。现在你知道了，这其实没什么了不起。相反，对于自行车手来说，要沿着平稳、水平的道路骑行才是件难事呢。同样的道理，赛马手在急转弯的地方也会向内侧倾斜。

我们要从这些生活中的小现象转入大一点的问题。我们居住的地球也是一个在转动的物体，那么它也应该受到离心力的作用。离心力表现在什么地方呢？答案是，由于地球的旋转，地表的所有物体都变轻了。越接近赤道的物体，它在 24 小时内完成的圆周就越大，——这意味着，它们旋转得更快，因此损失的重量也就越多。如果把一千克的砝码从两极拿到赤道重新用弹簧秤测量，就会发现少了 5 克的重量。当然，这个差别不算大，不过物体越重，它损失的重量也会越多。从阿尔汉格尔斯克到敖德萨的蒸汽机车，在这里会变轻 60 千克——相当于一个成年人的体重。重 2 万吨的战列舰从白海到达黑海后，会损失不多不少正好 80 吨。这是一辆好的蒸汽机车的重量！

为什么会发生这种现象？因为地球在旋转时，会倾向于把它表面的所有物体都抛出去，就像我们实验中雨伞会把伞内的小球抛出去。地球本可能把这些物体都扔出去，但是受到了地球引力的影响。我们把这种引力叫做"重力"。虽然地球没法把物体抛出去，不过减少它们的重量倒是可以的。这就是为什么物体会因为地球的旋转而变轻。

旋转得越快，减轻的重量就应该越明显。根据科学家们的计算，如果地球改变转速，以目前速度的 17 倍旋转，那么赤道上的物体就会完全失去重量：它们就没有重量了。如果转得再快些，比如 1 小时自转一周，那么就不仅仅是赤道上，而是赤道附近的所有国家和海洋上的物体都会完全失去重量。

想一想这意味着什么吧：物体失去重量！要知道，这意味着不存在你举不起来的东西了：蒸汽机车、大石块、巨型炮、整个军事战舰和所有的汽车、武器，举起它们就像举起一根羽毛。要是你把它们掉了下来，没事：它们谁也压不死。其实它们根本就没掉下来，因为它们没有重量！在哪儿放开它们，它们就在哪儿飘着呢。如果你坐在空中气球里，想把自己的东西扔到外边去，它们也不会掉下去，只会飘在空气中。世界变得多么奇妙啊！你能够跳得前所未有的高，做梦都想象不到：比最高的建筑和山峰都要高。只是有一点别忘记：往上跳是很容易，不过跳回去就没办法了。如果没有了重量，那么你自己是不会往地上掉的。

还会有其他的困扰。你自己想象一下：所有的物体，不管大的还是小的，如果它们没有被固定住，那么一丝丝的微风就会把它们吹起来飘在空中。人类、动物、汽车、运货车、轮船，所有的东西都会乱七八糟地飘荡在空中，相互碰撞，相互损坏。

这就是如果地球转得太快，会产生怎样的结果。

1.3　10 个陀螺

在插图里你能够看到用 10 种方法做成的不同陀螺。它们能够帮助你进行一系列有趣的实验。制作这些陀螺并不难，你可以自己动手，不需要别人的帮忙，也不需要花钱。

让我们看看怎么做吧。

1. 如果你能够找到一个有五个小眼的纽扣，——就像旁边这幅图里的那样——那么做一个陀螺就再容易不过了。从中间的小眼——其实也只有这个小眼有用——穿过一个一头削尖的火柴，一个陀螺就做好了（图 4）。这个陀螺不仅削尖的一头能转，钝头也能转。只要像平常那样做就可以：钝头朝下，用手指捏住转轴，然后迅速地把陀螺甩到桌子上，陀螺就会转起来，而且还会有趣地摇来晃去。

图 4

2. 不用有眼的纽扣也可以，比如随处可见的软木塞。从软木塞上切下一个圆片，拿一根火柴从中间穿过去，这就是第二种陀螺（图 5）。

3. 在图 6 上你能看到一个特别的陀螺——核桃陀螺。它能够尖头朝下进行旋转。为了把一个核桃制作成陀螺，只要在核桃的钝头插上一根火柴，捏住火柴就能转起来了。

4. 更好的是找一个又平又大的软木塞（或者小瓶上的塑料盖）。把铁丝或毛衣针烧红，在软木塞转轴的位置烫一个洞，插上火柴就完成了。这样的陀螺转得又长又稳。

5. 下面介绍一个特别的制作陀螺的方法：用一个装面霜的小圆盒，把一根削尖的火柴从中间穿过去。为了把火柴粘在圆盒上不滑动，必须在小洞里倒上一点蜡油（图7）。

6. 下面你会看到一个非常有趣的陀螺。一张硬纸剪的小圆片，在它的四周边沿系上带吊钩（活扣）的圆扣。当陀螺转动时，纽扣会沿着圆纸片的半径被甩起来，短线会被绷紧，这时你会发现我们已经提到过的离心力的作用（图8）。

图 5　　　　　　　图 6　　　　　　　图 7

7. 下面的方法有些类似（图9）。用大头钉穿上彩色的小圆珠，再插到从软木塞上切下的圆片四周。陀螺转动的时候，圆珠会在离心力的作用下被甩向大头钉钉帽的方向。如果光线好，大头钉会形成连续的银白色光带，小圆珠则会形成一条彩色的花边镶嵌在光带上。要想欣赏到更美妙的陀螺，最好把陀螺放在光滑的盘子上。

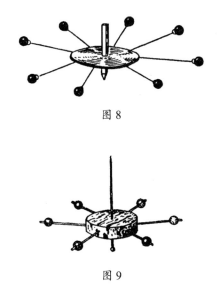

图 8

图 9

8. 彩色陀螺（图 10）。制作这种陀螺比较麻烦，不过它令人惊奇的效果值得我们的劳动。从一张硬纸板上剪下一个小圆片，从中间插进去一根削尖的火柴，再用两片软木塞圆片上下压紧纸片。现在在硬纸片上通过圆心画半径，就像分蛋糕那样，把圆平均分为几等分。把各个部分——数学家会把它们称为"扇形"——涂上黄蓝相间的颜色。陀螺旋转起来的时候，你会看到什么呢？圆片的颜色不是蓝色，也不是黄色，而是绿色。黄色和绿色在我们眼中融合出了新的颜色——绿色。

图 10

你可以继续进行混合颜色的实验。制作一张天蓝色和橙黄色相间的圆纸片。这时候，纸片在旋转时呈现的就不是黄色了，而是白色（更准确地说，是浅灰色，而且用的颜色越纯正，灰色就越浅）。在物理学上，如果两种颜色混合后变成白色，这两种颜色就被称为"互补色"。所以，这个陀螺实验告诉我们，天蓝色和橙黄色是混合色。

如果你能找到足够的颜色，你就可以重复一个 300 年前由著名的英国科学家牛顿首先完成的实验。步骤是这样的：把圆纸片的扇形部分涂上彩虹的七种颜色，也就是红、橙、黄、绿、青、蓝、紫。旋转的时候，这七种颜色会融合成灰白色。这个实验证明，任何一缕白色的太阳光都是由许多彩色的光线汇聚成的。

彩色陀螺还可以有一些变化：陀螺旋转的时候，在上面套上一个纸圈，这时候纸片的颜色又会立刻发生变化（图 11）。

9. 会画画的陀螺（图 12）。制作的方法同上面的陀螺是一样的，只是转轴不是削尖的火柴或者小棒，而是削尖了的软铅笔。把做好的陀螺放在略微倾斜的硬纸板上旋转。陀螺旋转的时候会慢慢沿着倾斜的纸板向下，同时铅笔就会画出螺旋形的线条。螺纹的圈数是很容易数出来的，这样的话，由于陀螺旋转一圈，铅笔就会画出一圈螺纹，那么就能够利用手表计算陀螺每秒钟的转速了。仅仅用眼睛是不可能数清楚陀螺转了几圈的。

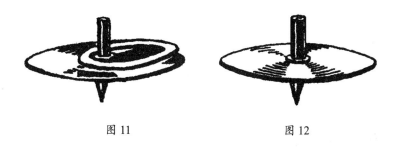

图 11   图 12

下面介绍另一种会画画的陀螺。做这种陀螺需要一块圆形的铅片。在中间穿一个小孔（铅很软，容易穿孔），孔的两侧再各钻一个小孔。

中间的孔插一根削尖的小棒，旁边的一个小孔穿进一段卡普纶线或者一根毛发，让线或毛发的下部比转轴稍长一些，然后用折断的火柴棍固定住。第三个孔是没有用的，我们穿这个孔只是为了让铅片转轴两边的重量平衡，否则，重量不平衡的陀螺就没法平稳地转动了。

现在，会画画的陀螺就做好了。不过为了进行实验我们还得准备一个熏黑的盘子。用（木柴或者蜡烛燃烧的）火焰放在盘子底部烧一会儿，直到盘子表面形成一层浓黑的烟迹，然后把陀螺放到熏黑的盘子上。陀螺在旋转的时候，线头的末端就会在黑烟上画出白色的花纹，虽然杂乱，不过相当好看（图13）。

10. 还剩最好一种陀螺就大功告成了，这就是旋转木马陀螺。其实，这种陀螺做起来比看上去的要容易得多。这里用的圆片和转轴，同我们已经了解的彩色陀螺所使用的是一样的。圆片上用大头针对称地插上小旗，然后再贴上坐着马的小骑士。这样，迷你旋转木马就完成了，可以拿它来逗你的小弟弟小妹妹们开心了（图14）。

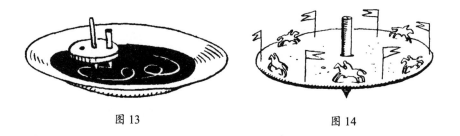

图 13   图 14

1.4 碰撞游戏

无论是两艘船，还是两辆有轨电车，又或者是两个槌球相撞，无论是一场意外事故，还是仅仅是游戏，物理学家把这类事件都叫做"碰撞"。碰撞发生的时间只有一瞬间，不过，如果碰撞的物体——这是常有的事——具有弹性，那么，在这一瞬间就会发生非常复杂的事情。物理学家把弹性碰撞分为三个阶段。第一阶段，相撞的两个物体在接触的部分相互挤压。紧接着是第二阶段：相互挤压达到最大限度。这时，由于挤压产生的弹力会阻碍挤压的进一步发展，因为弹力要平衡挤压的力。第三阶段：由于弹力试图恢复物体在第一阶段被改变了的形状，从而把物体推向相反的方向。这时，撞击的物体倒像是被撞了一下。我们可以观察到这样的现象：如果一个槌球撞向另一个与它同样重的静止的槌球上，那么，由于反冲力的作用，这个撞过来的球就会停止在被撞的那个球的位置上，而原来静止的那个球则会以第一个球的速度被打跑。

一个有趣的实验，如果把一个槌球打向一串排成直线互相紧挨着的槌球上，会怎么样呢？第一个球受到的撞击似乎经过整串球被传递了过去，不过所有的球仍然静止不动，只有离撞击点最远的最后一个球急速地飞了出去，因为它没法把冲击力传给另外的球，并从它那里得到反冲力了。

这个实验除了可以用槌球外，用跳棋或者硬币也能够很好地完成。把跳棋摆成一排，可以摆得很长，只要让它们互相紧挨着就可以。手指按住第一个棋子，用木尺敲击它的侧面，这时你就会看到，另一端的棋子飞了出去，而中间的棋子都保持原样（图15）。

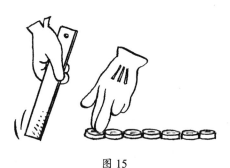

图 15

1.5　杯子里的鸡蛋

杂技演员能够把桌子上的台布抽出来，而桌子上的所有东西——盘子、杯子、瓶子——原封不动，这个把戏让观众惊叹不已。这其实没什么神奇的，不过倒也不是骗术，只要手脚灵活就能做到，而且熟能生巧。

当然，你没法练到那么纯熟的手艺。不过做一个类似的小实验倒不困难。在桌上放个杯子，倒上半杯水，再准备一张明信片（最好是半张）。

然后问长辈们要一个大的（男式）戒指，准备一个煮老了的鸡蛋。把这四样东西按下面说的摆放：用卡片盖住水杯，在卡片上放上戒指，把鸡蛋竖在戒指上。能不能不让鸡蛋滚落到桌子上，而把卡片抽出来呢（图16）？

图 16

乍看起来，这跟不让桌上的盆碗掉下去而抽出桌布一样困难。其实，只要用手指轻轻地在卡片边上弹一下，你就能完成这个奇妙的实验了。卡片会被弹出去飞到房间的另一头，那鸡蛋呢？鸡蛋和戒指会完好无损地掉落在水杯里。水减弱了鸡蛋的冲击力，使蛋壳不破碎。

这个实验做熟以后，可以尝试一下生鸡蛋。

这个实验神奇的原因是，由于卡片被弹出去的时间非常短暂，鸡蛋还没有来得及从被弹出去的卡片那里得到任何速度，直接受到冲击力的卡片就已经飞了出去。鸡蛋失去支持力以后，就垂直落在了杯子里。

如果这个实验你没法马上就做成功，可以做稍微容易一些的类似的实验来练习一下。把明信片（最好是半张）放在手掌上，在上面放上重一点的硬币。然后用手指把明信片从硬币下弹出去，这时候，纸片会飞出去，而硬币仍然在手里。如果你用交通卡代替明信片，实验就会变得更加容易。

1.6　不可能的断裂

舞台上经常表演一些魔术，它们看起来很神奇，说穿了却很简单。在两个纸环上挂上一根长长的木棍。木棍两端套在纸环上，纸环则一个搭在剃刀的刀刃上，另一个搭在一只烟斗上（图17）。魔术师拿起另一根棍子，用力地打在第一根棍子上。会怎样？挂着的木棍被打折了，而两个纸环却完好无损！

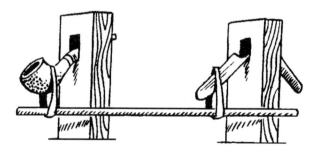

图 17

　　这个实验的原理和上面的一样。由于冲击力非常迅速，作用发生的时间极其短暂，使得不管是纸环，还是木棍两端，都没有来得及发生任何运动。产生运动的只有直接受到冲击的那部分，木棍也因此被折断了。这个实验的关键在于冲击的速度要足够迅速，足够猛烈。缓慢而无力的击打不会折断木棍，反而会扯断纸环。

　　技艺高超的魔术师甚至能够把架在两个薄玻璃杯杯口的木棍打断，而丝毫不损坏玻璃杯。

　　我这样说当然不是要求你进行类似的魔术表演，不过你可以做稍微容易一些的实验。在一张矮桌或凳子的边沿放上两支铅笔，铅笔要稍微超出桌子的边，然后在超出的部位放上一根细长的木棍。用尺子的边棱迅速用力地击打木棍中间，木棍会折成两段，而铅笔还留在原位（图18）。

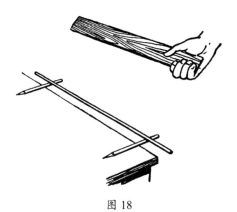

图 18

现在你应该明白，为什么没法用手掌压碎核桃，而用拳头使劲一击却能够敲碎它了，因为尽管手掌的力量大，但力道均匀，而用拳头的话冲击力不仅分散到手柔软的地方，其肌肉的部分却像坚硬的物体一样能够抵挡核桃的反冲力，从而敲碎核桃。

同样，子弹打到玻璃上会打出一个小圆洞，而用手扔出去的石子却会把整面玻璃都击碎。如果用手慢慢推玻璃，甚至能够把窗框连同合叶都推倒，无论子弹，还是石子都做不到这点。

最后举一个例子，用树条抽断树干。如果抽打的速度慢，就算很用力，树干也不会断，只是倒向一边。只有动作迅速，你才可能把树干抽断，除非树干太粗了。这里的道理同前面的是一样的，树条的快速运动使冲击力来不及分散到整个树干，而只是集中在树干与树条接触的那一小部分，结果树干就被抽断了。

1.7 模拟"潜水艇"

每个有经验的家庭主妇都知道，新鲜的鸡蛋在水里会下沉。主妇们就是用这种方法确定鸡蛋是不是新鲜：下沉——新鲜的，浮着——不能吃。物理学家是这样解释这个现象的：新鲜鸡蛋的重量大于同体积的纯净水的重量。注意，水得是纯净的，因为不纯净的，比如说盐水，那水的重量就要大于鸡蛋的重量了。

准备一杯盐水，浓度要足够大，使得鸡蛋的重量小于它排开的盐水重量——根据古希腊的阿基米德发现的浮力原理——这时，最新鲜的鸡蛋也会浮起来。

开动你的脑筋想想，怎么能让鸡蛋既不沉下去，也不浮起来，而是好像挂在水当中呢。物理学家把鸡蛋的这种状态叫做"悬浮"。做这个实验，你得准备一杯盐水，盐水的浓度要使得没入水中后鸡蛋排开的盐水重量正好等于鸡蛋的重量。要调好盐水的浓度只能多试几次：如果鸡蛋浮起来，就得加点水；如果鸡蛋沉下去，就得加点浓盐水。耐心试几次后你才能得到合适的盐水，这时，没入水中的鸡蛋既不上浮，也不下沉，不管把它放在水里的哪个地方，它都会停在那里静止不动（图 19）。

图 19

潜水艇就是利用这个原理。要使潜水艇潜在水里而不下沉，必须使它排开的海水重量等于自身重量。为了使潜艇的重量下沉，水兵们从下面把海水灌进潜艇的专门水柜；要上浮的时候，就把水排出去。

飞艇——不是飞机，就是飞艇——能漂浮在空中，也是利用了同样的原理：就像鸡蛋在盐水中一样，飞艇排开的空气重量就等于自身体重。

1.8 水面浮针

能让一枚缝衣针像稻草那样浮在水面吗？看起来不太可能，毕竟是一块实心的铁，就算再小，也会沉下去呀！

很多人都这样想，如果你也是这很多人中间的一个，那么，下面的实验会改变你的看法。

拿一根普通的缝衣针，不要太粗，稍微抹一点黄油或者猪油，小心地把它放到碗里，或者水桶里，或者杯里的水面上。你会惊讶地看到：针没有沉到水底，而是浮在水面上。

为什么它不下沉呢？毕竟钢要比水重啊。毫无疑问，针要比水重 $7 \sim 8$ 倍，它无论如何也不可能像火柴那样随便浮在水面。但我们实验里的针却没有下沉。为了找到原因，仔细看看针周围的水面。你会看到，针周围的水面凹了下去，形成了一个小凹槽，针就浮在这个凹槽的中间。

水面下凹是因为被涂过黄油的针不会跟水融合。你大概已经发现，如果我们的手很油腻，用水冲手还是干的，不会被弄湿。鹅，和几乎所有水禽的翅膀都覆盖了一层脂肪，它是由特殊的腺分泌的，这就是为什么水不会沾到它们身上。这就是为什么不用肥皂的话，就算用热水也洗不干净油腻的手，因为肥皂能够破坏油脂层，使它离开皮肤。油腻的针同样不会被水弄湿，而是浮在水膜压成的凹槽底部，水膜会产生使水面恢复的力，也就是水面张力。正是这种试图恢复水面的张力把针托在水面，不让它下沉。

由于我们的手常常都有些油腻，就算不特意给针涂上猪油，针被拿过以后也已经有一层薄薄的油层。所以，即使不特意涂猪油，也能让针浮在水面，只不过把它放在水面的时候要非常小心谨慎。可以这样做：把针放在卷烟的碎纸上，然后用另一根针慢慢地把碎纸压到水里。这样，碎纸就会沉到水底，而针会浮在水面。

现在，即使你看到一种叫做水黾虫的昆虫，它能在水面爬行，就像在陆地上一样，那你也不会感到困惑了（图20）。你能猜到，这种昆虫的足部有一层油，不仅不会被水弄湿，而且会使水膜产生反作用力，从下面支持自己的重量。

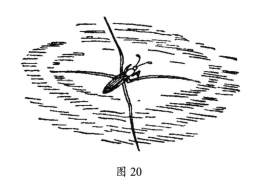

图 20

1.9 潜水钟

这个实验并不难，只需要准备一个普通的洗脸盆就可以了，不过如果你能找到宽口底深的罐子，实验就会更加容易了。另外，我们还得找一个高筒的玻璃杯或者高脚杯。杯子就是你的潜水钟，而盛水的脸盆就是缩小版的大海或者湖泊了。

恐怕没有比这更简单的实验了。把玻璃杯倒扣压到水底，用手按住杯子（以免水把杯子冲倒）。这时，你会立刻发现，水几乎没有流进玻璃杯里，因为杯子里的空气不让水进去。如果在你的潜水钟底事先放个吸水的物体，比如糖块，这个现象就更明显了。把从软木塞上切下的圆片放在水面，在上面放一块糖，再拿玻璃杯盖上。现在，把玻璃杯压到水底。糖块的位置会比水面低，但仍然是干的，因为水没有涌进杯子里

（图 21）。

图 21

　　这个实验用玻璃漏斗也能做。把漏斗的宽口朝下，用手指摁住上面的漏口，然后把漏斗扣到水里，水不会流进漏斗里，但是如果你把手指从漏口上移开，让空气能够流通，那盆里的水就会立刻涌进漏斗，直到漏斗内外的水面相平。

　　你现在明白了，空气并不像我们想的那样是"不存在的"。它确实占据了一定的空间，如果没有地方去，它是不会把自己的地盘让给别的东西的。

　　这个实验同时也告诉我们，为什么人们能够利用潜水钟或者"水套"之类的宽口水管在水下工作。水不会流进潜水钟或"水套"里，这个原理同脸盆里的水不会涌进玻璃杯是一样的。

1.10 水为什么不会倒出来?

下面介绍的实验是非常容易完成的。这是我年轻时做的第一个物理实验。在玻璃杯里倒满水,拿明信片或纸盖住杯口,手指轻轻地按住纸片,然后把杯子倒过来。现在可以把压住纸片的手拿开,如果纸片完全处于水平位置,那么纸片就不会掉下去,水也不会流出来。

这时,你可以大胆地把水杯端来端去,甚至比平时端水还方便,因为水不会洒出来。如果有人问你要水喝,你就倒着端给他,这会让他大吃一惊。

是什么东西让纸片能够承受水的重量,不让它掉下来呢?是空气的压力。粗略估算,杯子里水重 200 克,而空气从下面给纸片的压力要比这个重量大得多。

第一个向我演示这个实验的人还提醒我,要想成功地完成这个实验,杯子里必须装满水——从杯底到杯口。如果只有一部分水,而其他部分是空气,那实验就不会成功,因为杯子里的空气也会对纸片产生压力,它跟外面空气的压力相互抵消,结果,卡片就会掉下去。

我一听说,就立刻用没有装满水的杯子做了个实验,以便能够亲眼看到卡片掉下去。出乎我的意料,卡片还是没有掉!重复几次实验后,我可以确定，卡片就跟装满水的时候一样，牢牢地贴在杯口。

　　这个经历给我上了生动的一课，它告诉我应该怎样研究自然现象。自然科学界的最高裁判员应当是实验。不管看起来多么正确的理论，都应该用实验来检验。"检验再检验"，——这是 17 世纪的第一批自然研究者（佛罗伦萨科学院）给自己定下的规则。如果发现实验并不支持理论，那么就应该寻找理论到底错在哪里。

　　不难发现我们这个实验里的错误，尽管那个理论听起来很可信。当卡片在下面盖住没装满水的玻璃杯杯口时，用手指小心地把纸片的一角拉开。我们会看到，水里产生了气泡。这说明了什么呢？说明杯子里的空气要比外面的空气稀薄，否则外面的空气就不会试图跑到水面上的空间去。这就是原因所在，尽管杯子里还有空气，但它比外面空气的密度小，因此，它产生的压力就小。显然，这是因为杯子在翻转的时候，杯子里的水向下流动，挤出了部分空气，剩下的空气占据原来的空间后，就变得稀薄了，压力也就小了。

　　你看，如果态度认真的话，即使是最简单的物理实验，也会引发你进行严肃的思考。伟人就是从这些小事中学习的。

1.11　水中取物

　　你已经知道，我们周围的空气会对它所接触到的任何物体都产生巨大的压力。下面的实验将进一步证明空气压力——物理学家们把它称为"气压"——的存在。

在光滑的盘子里放一枚硬币或者金属纽扣，倒上水，让硬币没在水下。这时候，要想在不把手打湿也不把水带出来的条件下空手把硬币拿出来，你肯定会说这是不可能的。你错了，这是完全有可能的。

应该这样做。在玻璃杯里放一张纸，把纸点燃，等冒烟的时候，把杯子倒扣在盘子里，注意硬币要在杯子外面。看看会发生什么事？稍等一会儿，当然，纸会很快烧光，杯子里的空气也会开始冷却下来。当空气渐渐冷却的时候，盘子里的水好像受到了玻璃杯的吸引，全部涌进了杯里，而盘子却变空了（图22）。

图 22

等一会硬币就会变干，这时候就能把它拿走了，你的手当然也不会弄湿。

解释这个实验并不困难。跟所有物体受热时一样，杯子里的空气在变热时也会膨胀。由于杯子的容积固定有限，膨胀后的一部分空气就涌出了杯子。当剩下的空气开始冷却的时候，它就无法提供跟原来一样的压力来抵消杯子外部的气压。这时候，杯内水面的气压要比杯外水面的气压小，杯子外面的水在气压的作用下被挤到杯子里也就不足为奇了。所以，实际上，水不是被杯子吸引过去的，而是被空气从外面挤进去的。

你知道了这个实验的原理以后，也就不难明白了，做这个实验并不一定需要燃烧的纸条或者浸过酒精的棉花（人们通常都这样建议），甚至不需要任何燃烧物。只要把杯子用热水涮一涮，实验也能成功。关键在于让杯子内的空气变热，至于怎么做到——完全不重要。

用下面的方法做这个实验也非常容易。喝完茶以后，趁杯子还热，把它倒扣在碟子上。碟子里要事先倒一些茶水，让茶水能够先冷却下来。这样的话，把茶杯倒扣到碟子上后过一两分钟，碟子里的水就会涌进茶杯了。

1.12　降落伞

用卷烟锡纸剪一个巴掌大的圆片，在它的中间剪出一个一截手指长短的小圆。沿着大圆的边打一些小洞，拿线穿过去，然后把这些线的末端——线要一样长——系在一个不太重的负荷物上。降落伞就做好了，这可是那些在紧急关头救人性命的救生伞的模型。

想检验一下降落伞的性能，就把它从楼上的窗户扔下去。这时候，负荷物会把绳子绷紧，纸会被展开，降落伞就这样平稳地向下飞行，轻轻地落在地上。这是在无风的情况下。有风的话就不一样了，就算只是微风，降落伞也会被风吹向空中，飘到别的地方去，然后降落在远处。

降落伞的"伞面"越大，它能承受的负荷就越大（为了不让降落伞翻倒，负荷物是必需的），无风时它也就降落得越慢，有风时它就飘得越远。

为什么降落伞能飞那么久呢？你肯定已经猜到，因为空气阻碍了降落伞的掉落。如果没有上面的伞面，那负荷物早就掉到地上了。伞面相当于加大了负荷物的受力表面积，又几乎没有增加什么重量。伞面的表面积越大，空气的阻力就会越明显。

如果你搞清楚这点，就会明白，为什么灰尘会在空气中漂浮了。人们一般都会说，这是因为灰尘比空气轻。这是完全错误的。

什么是灰尘？就是石头、黏土、金属、树木、煤等的微粒。这些东西可都比空气重几百倍、几千倍：石头是空气的1500倍，铁——6000倍，树木——300倍，等等。所以，灰尘绝对不比空气轻，相反，它要比空气重得多，它无论如何也不能漂浮在空中，就像木屑漂在水面那样。

所以，任何固体或者液体的微粒在空气中都应该向下掉落，应该会"下沉"。灰尘的确在掉落，只不过它的方式和降落伞一样。问题的关键在于，微小颗粒的表面积不会像它的重量那样急剧减少，也就是说，微粒的表面积相对于它的重量其实是很大的。如果比较一下一颗小霰弹和一颗是它 1000 倍重的子弹，就会发现，子弹的表面积也就是小霰弹的100 倍。这意味着，如果根据重量换算，小霰弹的表面积是子弹的 10 倍。想象一下一颗比子弹小 100 万倍的霰弹，也就是一颗微小的铅粒。根据重量换算的话，这颗铅粒的表面积是子弹的 10000 倍。空气对它的阻力是对子弹阻力的 10000 倍。所以，灰尘就飘在空中了，其实它在慢慢地下落，只不过一丝风就又把它吹上去了。

1.13　蛇与蝴蝶

用明信片或者厚纸片剪一个玻璃杯杯口大小的圆片，然后用剪刀沿螺旋线剪开，剪成蜷缩的蛇状。在蛇的尾部按一下，让纸上形成一个小坑，然后把它摁在缝衣针的尖头上，再把缝衣针插在软木塞上面。这时，蛇的头会垂落下来，就好像螺旋阶梯的样子。

图 23

　　这样，纸蛇就做好了，可以用它进行实验了。把它放在烧着的炉灶旁边，蛇就会转动起来。炉火越旺，蛇就舞动得越快。其实，把纸蛇放在任何温度高的物体——灯、茶炊旁边，纸蛇就会或快或慢地转动。只要物体是热的，纸蛇就不会停下来。如果把它挂在煤油灯上面，纸蛇会转得更快（图 24）。

　　是什么让纸蛇转动的呢？就是那个让风磨机转动的东西——气流。任何热的物体旁边都会形成一股向上运动的热气流。这是因为，像其他的物体一样（除了冰的水以外），空气被加热后体积会膨胀，这意味着，空气变得稀薄了，也就是变轻了。而周围的空气比较冷，因此密度也就比较大，比较重，于是冷空气就把热空气挤到上面去，把热空气的位置给占了，但是，冷空气马上也被加热了，跟之前的空气一样，它会被别的冷空气给

图 24

挤上去。所以，如果物体的温度比周围空气的温度高，那它的上方就始终都会有一股向上的热气流，换句话说，就好像有一股热风从热物体那儿吹到上面。就是这股热风吹动纸蛇的尾部，让它转动。

也可以用别的纸片来代替纸蛇，比如蝴蝶形的纸片。最好用卷烟锡纸来做，用细线或者头发把蝴蝶中间系好挂在电灯的上方，蝴蝶就会转动起来，活像一只真的蝴蝶。而且蝴蝶还会在天花板上投下影子，影子会以更大的幅度重复纸蝴蝶的动作。不明底细的人还以为，房间里飞进了一只黑色的大蝴蝶，在天花板上扇动着翅膀呢。

还可以这样做：把针插进软木塞，再把尖头扎到剪好的纸蝴蝶上，注意要让蝴蝶刚好平衡（针扎进去的地方应当是纸蝴蝶的重心，找到它需要多试几次）。如果纸蝴蝶的旁边有热物体，它就会快速地拍动起来。还可以用手掌扇风，让蝴蝶飞舞得更加生动。

空气受热膨胀而形成向上的热气流，我们在生活中会经常遇到这个现象。

大家都知道，在供热的房间里，最热的空气集中在天花板上，最冷的空气则汇聚在地面上。所以，如果房间里不够热的话，我们常常能够感觉到有一股风从脚底往上吹。如果屋子里面热外面冷，这时候把门打开，那冷空气就会从下往上流动，而热空气就会被挤到上面去。如果门旁边有蜡烛，它的火焰就能显示空气的流动。如果你想让屋子暖和，就得注意不让冷空气从门下面的缝里钻进来。只要用毛毯，甚至一张报纸把这道缝封严就可以了。这样的话，房间里的热空气就不会受到冷空气的挤压，也就不会从上面的门缝流出去了。

煤炉或者工厂熔炉里的通风，不就是向上的热气流吗？

再提一下大气里冷热空气的流动，比如信风、季风、海陆风等，因为这些东西要说起来就太多了，所以就不详细讲述了。

1.14　瓶子里的冰

冬天的时候容易弄到一瓶冰吗？看起来，这件事在严寒天气里会容易一些。瓶子里倒上水，把它放到窗外，剩下的就交给严寒了。水会冻住，冰就有了，而且是整整一瓶。

但是，如果你亲自做这个实验，就会发现，事情远非那么容易。冰是有了，可瓶子却没了。瓶子被结冻的冰撑裂了。这是因为，水结冰后体积会迅速增大，大约要增大 $\frac{1}{10}$。体积膨胀后产生的压力不仅会把盖紧的瓶子撑破，即使瓶子没有盖住也会破裂。因为瓶颈处的水结冰后，就好像一个冰瓶塞，把瓶子给塞住了。

水结冰后体积增大产生的作用力甚至能够把金属断裂，除非金属太厚了。水结冰后能挤断 5 厘米厚的铁瓶。所以，如果管子里的水冻住了，水管常常会破裂。

用水结冰后体积膨胀这个道理也可以解释为什么冰会浮在水面，而不是沉到水底。假设水结冰后体积是缩小的，那么冰就不会浮在水面，而会沉下去了。那个时候，我们就不能够享受到冬天带给我们的许多乐趣了。

1.15 冰块断了？

你大概听说过，冰块在压力的作用下会冻在一起。这并不是说，冰块受到压力时会冻得更结实，相反，压力大的时候冰块会融化，只不过冰融化成水后又迅速地结冻了（因为温度低于0℃）。如果我们对两块冰块施加压力，会发生下面的过程：冰块接触的突出部分由于受到较强的压力会融化成低于0℃的水。这些水流到冰块突出部分之间的缝隙，由于在这个地方不再受到压力，水就迅速地结成冰，从而把两个冰块牢牢地冻在一起。

你可以用下面的实验来验证一下。找一块长形冰条，把两头搭在两张圆凳、椅子或者其他什么东西的边沿上。用一根长约80厘米的细铁丝拧成一个圆环，横着套在冰块上（铁丝的直径不超过半毫米）。在铁环的下端系上两个熨斗或者其他差不多10千克的重物。在重力的作用下，铁丝

切进了冰块，然后慢慢地从冰块中切过，最后掉了下去。但是，冰块却
没有断。大胆地把它拿起来看一看，它完好无损，就好像根本没有被切
过一样（图25）！

图 25

上面已经说过冰块融合的原理，所以你肯定明白这个实验的秘密所
在。在铁丝的压力下冰融化了，但是铁丝接触后融化的水立即又结成了
冰。简单地说，铁丝切下面的冰块时，上面的就重新冻住了。

冰是大自然中唯一能够用来做这个实验的物质。也因为这个原因，
人们可以在冰上溜冰，可以在雪地里滑雪。当溜冰人利用自身体重支撑
在冰刀上的时候，冰刀下的冰受压融化（如果不是极度严寒的天气），冰
刀就滑行起来。一旦冰刀滑到另一个地方，那里的冰就会融化。不管滑
冰人滑到哪里，他都会使那个地方表面的薄冰层融化成水，冰刀一过，

水又结成冰了。所以，尽管冰在严寒的时候是干的，冰刀下却总有水起到润滑的作用，让冰刀滑行起来。

1.16　声音的传播

你有没有在远处观察过一个正在砍树的人？或者，你有没有看过一个离你很远的木匠是怎么钉钉子的？你可能会发现一件奇怪的事，敲击声不是发生在斧头砍进树里或者锤子敲在钉子上的时候，而是斧头或者锤子已经拿起来了。

如果你能够再观察一次，那么就往前走两步，离得近一点。试过几次之后，你会发现，当站在某个地方的时候，斧头或锤子的击打声正好跟击打的瞬间重合。这时候再回到你原来站的地方，击打的声音和动作又错开了。

现在你应该不难明白这个现象的原因了。声音从声源传到你的耳朵需要一段时间，而光几乎一瞬间就能够通过这段距离。所以，很可能当敲击声还在向你的耳朵传播的途中，斧头或锤子已经被举起来准备进行下一次击打了。这时候，眼睛看到的和耳朵听到的的东西就错开了，你还以为声音不是在斧头向下击打而是向上举起的时候发出的。但是，如果你往前走近几步，就找到击打的声音和动作重合的那个点了，那是因

为，声音传到你的耳朵时，斧子已经被重新放下去了。这时候，你当然
会同时看到和听到击打，只不过它们已经是先后两次击打了：你看到的
是最后一次击打，而听到的是则是之前的声音——可能是倒数第一次击
打，也可能更早。

声音在空气中的传播速度是多少？这已经被准确测量出来了：每秒
钟1/3千米，也就是说，声音经过1000米的距离需要3秒钟。所以，如
果一个人每秒钟挥动两次斧头，那么你站在距离他160米的地方，那敲
打的声音就会跟斧头被举起的时刻重合。而光在空气中的传播要比声音
快100万倍。你们肯定知道，地球上的任何一段距离光都能够在瞬间
通过。

声音不仅能够通过空气，还能够通过其他气体、液体和固体进行传
播。声音在水里的传播速度是在空气中传播速度的四倍，所以在水里能
够清楚地听到任何声音。工人在潜水水箱（大型垂直水管）里工作时能
十分清晰地听到岸上的声音。渔夫们会告诉你，为什么只要岸上稍微有
一点动静，鱼就会立即逃走。

在坚硬的固体介质里，比如生铁、树木、骨头，声音传播得还要更
快。把耳朵贴在一根长木条的一端，请你的朋友在另一端用手指或小木
棍轻轻地敲打，你就会听到通过整个木条传来的响声。如果周围足够安
静，没有声音干扰的话，你甚至能够听到放在木条另一端上的手表指针走

动的声音。铁轨或者铁梁、铁管、甚至土壤，都能够很好地传播声音。如果远处有一匹马骑来，把耳朵贴在地上，你就能早早地听到马蹄声。用这种方法也能听到远处子弹射击的声音，要是通过空气，听到还早得很呢!

只有坚硬的固体介质能够如此清晰迅速地传播声音。柔软的布和潮湿、松软的物质就不行了，因为这样的介质会把声音"吞噬"掉。这就是为什么厚重的窗帘可以隔音。地毯、柔软的家具、大衣也能起到这样的作用。

1.17 钟声

在上一节，我提到骨头是一种能够清晰传播声音的介质。想验证一下，你的头骨是不是具有这种性质吗?

用牙咬住闹钟上的提环，两只手堵住自己的耳朵，你就会清楚地听到钟摆有规律地来回摆动的声音，甚至比通过空气听到的滴答声更加清晰。这声音就是通过头骨传到你的耳朵的。

还有一个有趣的实验可以证明头骨能够很好地传播声音。在一段绳子的中间系一把勺子，用手指把绳子的两端堵在两个耳朵眼上。上身稍微弯曲，好让勺子能够自如地摆动。然后让勺子撞在任何一个固体上，你就会听到低沉的轰鸣声，就好像在耳朵旁敲打了一下大钟。

如果用比勺子再重一点的其他物体，这个实验的效果就会更明显。

1.18 可怕的影子

有一天晚上，哥哥问我："你想看一个不寻常的东西吗？走，跟我到隔壁的屋子去！"

屋子很黑。哥哥点了一支蜡烛，我们就走到隔壁去了。我小心地走上前，大胆地推开房门，勇敢地走进房间。突然，我被吓了一跳。对面墙上一只可怕的怪物正看着我。这只怪物扁平的就好像影子，眼睛死死地盯着我（图 26）。

图 26

说实话，我被吓坏了。可是，正当我准备撒腿逃跑时，背后传来了哥哥的笑声。

我回头一看，才明白是怎么回事。原来墙上那面镜子上被贴上了纸，纸上剪出眼睛、鼻子、嘴巴几个洞，哥哥拿蜡烛一照，烛光就通过这些洞从镜子上反射出来正好落在我的影子上。

这下出丑了，我竟然被自己的影子吓了一跳……后来，我试着用这个方法戏弄我的同学们，那时我才发现，原来要把镜子放在正确的位子不是那么容易的。经过多次练习，我才明白其中的奥妙。光线通过镜子反射要根据一定的规律，那就是：入射角等于反射角。明白了这个规律之后，镜子摆放起来就容易多了。

1.19　测量亮度

想一想，如果把一根蜡烛放在原来距离的两倍远，亮度应该会减弱吧？不过减弱多少倍呢？两倍？错。要是在两倍远的地方放两根蜡烛，亮度不会跟原来一样。要想达到原来一根蜡烛的亮度，就得在两倍远的地方放 $2 \times 2 = 4$ 根蜡烛。3 倍远的地方就不是放 3 根，而是 $3 \times 3 = 9$ 根蜡烛，以此类推。这说明，如果把蜡烛放在两倍远的地方，亮度会减弱 4 倍，3 倍远的地方减弱 9 倍，4 倍远就是 16 倍，5 倍减弱 5×5，也就是 25 倍，以此类推。这就是亮度和距离的关系。顺便指出，响度和距离之间也是这样的关系：声源是原来 6 倍远的时候，响度不是减弱 6 倍，而是 36 倍[1]！

明白了这个规律，我们就能利用它来比较两盏灯，甚至是任何两种光源的亮度了。你大概想知道你的台灯比一根普通的蜡烛亮多少倍，换句话说，要点多少根蜡烛才能达到一盏灯的亮度吧！

把灯和点燃的蜡烛放在桌子的一头，另一头垂直地竖一张白纸片（可以用书夹住）。在距离纸片不远的前面再垂直竖放一根像铅笔之类的小木棒。它会在白纸片上投下两个阴影：一个是灯照出的，一个是蜡烛照出的（图 27）。一般来说，这两个影子的浓淡程度是不一样的，因为它们的光源不同，一个是明亮的台灯，一个是昏暗的蜡烛。你们可以把蜡烛往前移动，使两个阴影的浓淡程度相同。这意味着，这个时候台灯的亮度与蜡烛的亮度相同。但是，台灯到纸片的距离要比蜡烛到纸片的距离远。测量一下距离相差几倍，你就能确定亮度相差多少倍了。如果台灯到纸片的距离是蜡烛到纸片距离的 3 倍，那么台灯的亮度就是蜡烛亮度的 3×3 倍，也就是 9 倍。为什么是这样的？回想一下亮度与距离的关

---

[1] 因为这个原因，在剧院里，邻座的耳语声能够盖过舞台上演员响亮的声音。如果舞台离开你的距离是邻座与你之间距离的 10 倍，那么演员在舞台上和你的邻座相比，前者的声音就要比后者弱 100 倍。所以，演员的声音听起来比邻座的耳语声还要低，这就不足为奇了。同样的道理，老师在讲解课文的时候，教室里保持安静是非常重要的。对学生（尤其是坐得远的学生）来说，老师的声音会大大减弱，甚至邻桌同学的低语声都会完全把它盖过去。——作者注

系你就明白了。

图 27

还有一个比较两个光源亮度的方法，那就是利用纸片上的油点。如果光源在油点的正面，油点是亮的，如果从背面照，那么油点就会是暗的。可以把两个光源放在油点的两侧，使得油点正反两面看起来的亮度一样。剩下的就只要测量两个光源到油点的距离，然后按上面的方法进行计算就好了。为了能够同时观察到油点两侧的亮度，最好把带油点的纸片放在镜子旁边，那样就能只从一侧观察油点的亮度，另一侧的情况则可以通过镜子看到。镜子要怎么放呢？你们肯定能自己想出来。

1.20 脑袋朝下

伊万·伊万诺维奇走进了房间，房间里一片漆黑，因为护窗板被关上了。透过护窗板上的小洞射进来的光线显得炫目多彩。阳光照到对面的墙上，勾勒出一幅五彩斑斓的图画，那上面有铺着芦苇的屋顶，有树木，还有晾在院子里的衣服，只不过这一切都上下翻了个儿。

摘自果戈理小说《伊万·伊万诺维奇和伊万·尼基福罗维奇吵架的故事》

如果你或者你的朋友们的房间里有一扇朝阳开的窗户，那你就能轻松地把房间变成一个物理实验仪器，这样的仪器有一个古老的拉丁名字，叫做"камера-обскура"[1]（意思是"黑房间"）。做这个实验需要把一块胶合板或者硬质板用黑纸贴上，并在板上挖一个小孔，用它来挡住窗户。

选一个晴天，然后把房间的窗户和房门都关上，让房间变暗，然后用做好的硬板挡严窗户，并在距离硬板上的小孔不远的前方放一张大的白纸，这张白纸就是你的"屏幕"。白纸上立刻显现出一幅图像，它是透过小孔能够看到的窗外场景缩小后的样子。白纸上的房子、树木、动物、行人都活灵活现，只不过都颠倒了：房子的屋顶在下面，人的脑袋也在下面……（图28）

---

[1] 拉丁语为 *camera obscūra*。——译者注

图 28

　　这个实验说明什么？说明光沿直线传播。来自物体上部分的光和来自物体下部分的光在挡板的小孔里交叉，然后继续行进，这时候上面的光向下行进，而下面的光则向上行进。如果光线不是直的，而是扭曲变形了的，那结果就完全不一样。

　　需要指出的是，小孔的形状完全不会影响成像结果。不管小孔是圆的还是方的，三角的，六角的还是别的形状，屏幕上现实的图像都是一样的。你观察过在浓密的大树下地上形成的一个个椭圆形的光点吗？它们不是别的，就是阳光透过树叶之间的空隙后形成的太阳的像。它们是圆形的，因为太阳是圆的，不过它们被拉长了，那是因为太阳光是斜射到地面的。把一张纸放在太阳直射的地方，那你就会得到一个正圆形的光点。日食的时候月亮把太阳遮成月牙形，大树下太阳的像也就变成月牙形了。

摄影家使用的照相机其实就是一个"黑房间"，只不过照相机内设置了一个机关，能使成像结果更加清晰。在相机后部有一个毛玻璃用来成像，当然，图像还是脑袋朝下的。摄影家可以查看图像，不过要先用黑布把照相机和自己蒙住，以免受到身旁光线的影响。

你可以自己做一个类似的照相机。找一个长方形箱子，在箱子的某一面上打一个小孔，然后把对着小孔那一面的板拆去，换成一张油纸贴上，这张纸就代表毛玻璃。把箱子放在昏暗的房间里，让箱子的小孔对着挡住窗户的硬板上面的小孔，你就会看到油纸上清晰地呈现了窗外的场景，不过还是上下颠倒的。

这个相机有一点好处，就是有了它，你就不需要昏暗的房间了。你可以把它拿到户外放在任何地方。你只需要用黑布把自己的脑袋和相机蒙住，这样周围的光线就不会妨碍你观察油纸上的成像了。

1.21 颠倒的大头针

上一节我们讨论并解释了怎么制作"黑房间"，但是没有提到一件有趣的事：每个人都随身带着一对小型的"黑房间"。这就是我们的眼睛。想一想，眼睛的构造跟我教你们做的箱子是一样的。我们叫做瞳孔的东西，并不是眼睛上的黑色圆片，而是一个通向视觉器官内部的小洞。这个小洞外边包了一层薄薄的膜，膜下面还覆盖着一种胶状透明物质。瞳孔后面是透明的"晶状体"，它的形状像一面双凸透镜。而从晶状体到眼球后壁之间的整个内部是用来成像的，这里充满了透明物质。图29是眼睛的纵切面图。眼睛的这种构造不会影响成像，反而使成像结果更加明亮、更加清楚。眼睛底部呈现的像是非常微小的：举个例子，距离我们20米的一根高8米的电线杆，在眼睛里清晰完整地成像后，只有0.5厘米高。

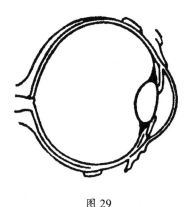

图 29

最有趣的是，尽管眼睛成像后的结果跟"黑房间"一样，是上下颠倒的，但我们看到的仍然是正放的物体。发生这种翻转的原因是我们长时间养成的习惯：我们习惯在使用眼睛时，把看到的物体转化成自然放置的状态。

你们可以用实验来验证这点。如果我们努力让眼睛底部呈现一个没有颠倒的，而是正方的物体图像，我们会看到什么呢？由于我们已经习惯把所有的视觉形象都进行翻转，那么实验中的这个形象当然也会被翻转，结果，这次我们看到的就不是正放的，而是颠倒的图像了。事实的确如此。下面的实验就可以清楚地证明这一点。

用大头针在明信片上扎一个小孔，把卡片对着窗户或者台灯，卡片要离开右眼大约 10 厘米。拿一枚大头针举在卡片前面（卡片和眼睛之间），大头针的针帽要对着小孔。这时候你会看到，大头针好像是在小孔的后面，关键是，大头针上下颠倒了。图 30 画的就是这个实验。把大头针稍微往右移，你的眼睛会看到它在往左移。

这是因为，在这种情况下，大头针在眼睛里的成像结果不是翻转的，而是正放的。卡片上的小孔在实验里起到光源的作用，它把大头针的影子投射到瞳孔上。结果，因为这个影子离瞳孔的距离实在太近了，图像就没有翻转。在眼睛后壁会形成一个圆形的光斑，这是卡片上小孔的像。那上面会有一个黑色的大头针的轮廓，它是大头针正放的影子。而我们以为，我们透过卡片的小孔看到了卡片后面有一个大头针（因为我们只能看到小孔范围内的那部分大头针），而且是上下颠倒的，因为我们养成了根深蒂固的习惯，就是把得到的所有视觉形象都进行了翻转。

图 30

1.22 磁针

你已经知道如何让一枚缝衣针浮在水面了。现在，运用你的知识来完成一个更加有趣的新实验吧。找一块磁铁，只要是一个马蹄形的小磁铁就可以，然后把它靠近水面浮着针的碟子，这时候碟子里的缝衣针就会往磁铁的那个方向游去。如果先用磁铁摩擦几次缝衣针（主要只用磁铁的一端摩擦，而且要顺着同一个方向，而不是来回摩擦），再把缝衣针放到水面，实验的效果会更加明显。因为这之后，缝衣针本身就变成了一个磁铁，带上了磁性，这时候即使拿没有磁性的普通的铁块靠近碟子，缝衣针也会游动起来。

用带磁性的缝衣针可以进行许多有趣的实验。把它就这样放在水面，不需要拿铁块或磁铁靠近碟子。这时，水里的磁针会固定地指向一个方向，也就是由北指向南，就像指南针一样。转动杯子，磁针也会还是指向原来的方向，一头朝北，一头朝南。这时候把磁铁的一端（一极）靠近磁针的一头，你会发现，磁针并不一定会被磁铁吸引过去。它可能被排斥开去，而使它的另一头靠近磁铁。这就是两块磁铁的相互作用：同极（南极和南极，或北极和北极）相斥，异极（南极和北极）相吸。

明白了磁针运动的原理以后，制作一艘简单的纸船，把磁针藏在船舱里。现在你就可以让那些不明底细的同学们大吃一惊了：只要把一块磁铁藏在手里，不要被你的观众们看到，然后，不需要碰到纸船，只用手势，你就可以控制纸船的航行方向了。

1.23　有磁性的剧院

准确地说不是剧院，而是马戏团，因为舞蹈演员要在铁丝上进行表演，不过这些舞蹈演员当然是纸人啦。

首先我们要用硬纸板剪一个马戏团剧场。房子下面拉一根铁丝。舞台上方固定一个马蹄形的磁铁。

现在要做"杂技演员"了。用纸剪几个杂技演员，让他们摆出不同的杂技表演姿势。不过要注意，杂技演员的背后粘上一根磁针，所以纸人的身高要等于针的长度。粘磁针的时候可以用两三滴蜡油。

如果把这些纸人放在"铁丝"上，那他们不仅不会跌倒，而且会笔直地站立着，因为他们受到舞台上方磁铁的吸引。稍微动一下铁丝，你就能让自己的杂技演员活动起来，让他们左摇右摆，上下跳动，而不会失去平衡（图31）。

图 31

1.24　带电的梳子

即使你对电学方面的知识一无所知，你也可以进行一系列有趣的电学实验，这对你今后熟知这一自然界的奇妙力量是大有益处的。

做这些电学实验最好在冬天，而且要在有暖气的房间，因为这种实验在干燥的房间才能顺利完成，而冬天加温后的空气要比夏天同等温度的空气干燥得多。

现在开始进行实验。拿一把普通的梳子顺着干（要完全干）头发梳下来。如果你在温暖又安静的房间里做这个实验，你就会听到梳子发出轻微的劈啪声。这说明你的梳子通过与头发的摩擦带上了电。

普通的梳子不仅能通过和头发摩擦起电，如果用干燥的毛毯（一块绒布）摩擦梳子，梳子也会带上电，而且电量更大。检验梳子的这种特性有很多方法，最简单的是拿梳子靠近轻的物体，比如纸屑、谷壳、小果核等，它们都会受到梳子的吸引而被提起来。折几艘纸船，把它们放在水里，你就可以用带电的梳子指挥你的纸质舰队了，就好像拿着一根"神奇的"指挥棒。实验还可以更加有趣。把鸡蛋放在一个（干燥的）小酒杯里，鸡蛋上面水平横放一根长尺，让尺子保持平衡。然后用带电的梳子靠近尺子的一端，这时候，尺子就会转动起来（图32）。你可以让尺子乖乖地跟着梳子转动，向左转转，向右转转，甚至可以让它绕圈圈。

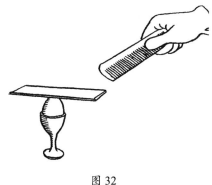

图 32

1.25 听话的鸡蛋

不仅普通的梳子能够通过摩擦起电，其他物体也有这种特性。如果把火漆棒在绒布或者你的衣袖（如果你的衣服是绒的）上摩擦，火漆棒就会带电。用丝绸摩擦玻璃管或玻璃棒也能带电，不过用玻璃的话必须在非常干燥的环境，而且丝绸和玻璃也要好好烘干。

还有一个关于摩擦起电的有趣实验。在鸡蛋的两头打两个小孔，对着一端的小孔吹气，让鸡蛋里面的蛋清和蛋黄倒出来。把空蛋壳（两端的小孔用蜂蜡封住）放在光滑的桌子、木板或者大盘子上，用带电的木棒让空蛋壳乖乖地跟着它转动（图 33）。如果旁观者不知道鸡蛋是空的，他看到这个实验（它是著名的科学家法拉第想出来的）的时候，一定会困惑不已。纸环或者轻的小球也会跟着带电的木棒旋转。

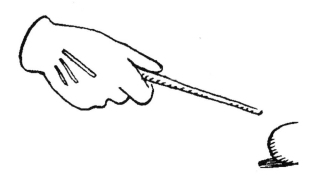

图 33

1.26　力的相互作用

物理学家认为，不存在单方面的引力，甚至可以说根本不存在单方向的作用。任何力的作用都是相互的。这意味着，如果木棒对不同的物体具有引力，那么它同时也受到这些物体的引力。为了验证这点，可以把梳子或者木棒用绳环吊起来（最好是丝线），让它们能够自由活动。

这时候能够很容易发现，任何不带电的物体——甚至是你的手——都会对梳子产生引力，使梳子转动起来。

再说一遍，这是自然界中的普遍现象。这种现象随时随地都能发现：任何力的作用都是两个物体之间的相互作用。单方面的作用力，也就是说受力的物体不产生反作用力，这样的现象在自然界中是不存在的。

1.27　电的斥力

现在，我们要用系在绳环上的梳子做下面的实验。我们已经看到，梳子会被任何靠近它的物体所吸引。有趣的问题是，如果拿另一个同样带电的物体靠近它，会发生什么事呢？实验会告诉我们，两把带电物体之间的相互作用可能有多种情况。如果用带电的玻璃棒靠近挂着的梳子，两个物体会相互吸引。但是，如果用带电的火漆棒或者另一把带电的梳子靠近它，那两个物体之间就会相会排斥。

这种现象可以用一个物体定律表示：异电相吸，同电相斥。塑料或者火漆所带的电是相同的（称为树脂电或者负电）；树脂（负电）和玻璃（正电）所带的电是相异的。"树脂电"和"玻璃电"这两个旧名字已经不用了，现在只称"负电"和"正电"。

"验电器"（электроскоп）就是根据两个同电物体相斥的原理工作的。词根"скоп"是从希腊语中借用的，意思是"给……看"（показать）。通过这种构词方式构成的单词还有"телескоп"（望远镜）、"микроскоп"（显微镜）等。

你可以自己制作这个简单的仪器。找一个可以塞住玻璃瓶瓶口的软木塞或者硬纸剪成的圆片。在软木塞或者硬纸片中间穿一根芯线，芯线

的一头要露出瓶盖上方。在芯线下端用蜡油固定两小片
金属薄片或者卷烟锡纸。然后把软木塞塞到瓶子里，或
者用硬纸盖盖在瓶口，用火漆封住。验电器就做好了
（图 34）。如果你拿一个带电物体靠近露出瓶盖的芯线，
那么这个物体所带的电就传给了铝片，由于铝片所带的
电相同，它们就会相互排斥。

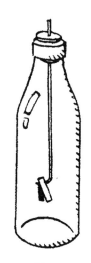

图 34

铝片或锡纸如果相互排斥，这就说明，靠近芯线的
物体是带电的。

如果你不会做这种验电器，可以做一个更简单的。
虽然这种验电器没有那么方便，也不是非常灵敏，不过验电还是可以的。
在一根小木棒上系两个接骨木木髓做的小球，注意小球系上后要能够相
互接触。这就是验电器了（图 35 左）。把需要检测的物体靠近其中的一
个小球，如果另一个小球受到了排斥，说明物体是带电的。

你在图上看到的是第三种验电器。把大头针扎进软木塞，将锡纸
对折后挂在大头针上。如果有带电物体靠近大头针，合着的锡纸就会
张开（图 35 右）。

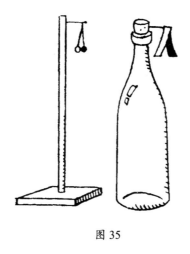

图 35

1.28 电的一个特点

利用下面这个自制的简单"仪器",你就可以观察到电的一个有趣而且重要的特性:电只在物体的表面聚集,而且只在物体的凸出部位聚集。

用火漆将两个火柴垂直固定在火柴盒两侧,做成基座。剪一条宽度一根火柴,长度三根火柴左右的纸条。卷动纸条的两端,让纸条能够套在两根火柴上。纸条的两面分别贴上三到四张薄锡纸剪成的小纸片。最后就可以把纸条套在火柴基座上了。

现在就可以用我们的仪器进行实验了。把纸条拉直,用带电的火漆棒靠近纸条,这时候纸条和上面的锡纸都带了同样的电,结果,纸条两面的锡纸都翘了起来（图 36）。改变火柴基座的位置，使纸条一边凸出变成弧形，这时候再用带点的物体靠近它，就只有纸条凸起一面的锡纸翘起，凹进去的那一面仍然下垂。这说明什么呢？说明电只在物体凸起的地方聚集。把纸条弯成"S"形，你会看到，只有在纸条凸出地方的锡纸才会带上电。

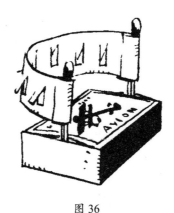

图 36

第二章　报纸

2.1 "用脑子看"是什么意思? ——变重的报纸

"决定了，"哥哥用手拍了拍暖气片，对我说，"我决定咱们晚上一起做几个电学实验。"

"实验? 新的实验！"我激动地答道，"什么时候? 现在? 我想现在就做！"

"欲速则不达。实验要在晚上做。我现在得走了。"

"去拿机器?"

"什么机器?"

"发电的仪器啊。我们的实验得需要发电器呀。"

"我们实验需要的仪器已经准备好了，就在我的包里……你别妄想从我这儿拿走，"哥哥猜出了我的心思，边穿衣服边说，"你什么也找不到，只会添乱而已。"

"那仪器放得好好的?"

"好好的，放心吧！"

哥哥出了家门，可是却粗心地把装着实验仪器的书包落在了前厅的小桌上。

如果铁块像人一样有感觉，让它靠近磁铁，它一定能够理解只剩下我一个人和哥哥的书包时我内心的感受。书包强烈地吸引着我，占据了我所有的感觉和思想。我没法想别的东西，就这么看着它会要了我的命的。

奇怪，发电器怎么能装在书包里呢？它不可能那么扁平啊！书包没有锁住，要是小心地往里面瞄一眼……有一个用报纸包住的东西。是箱子？不是，就是几本书。除了书就是书，没别的东西了。我怎么没早点明白过来，哥哥是在跟我开玩笑。发电器怎么可能装在书包里嘛！

哥哥两手空空地回来了。看到我一脸沮丧的样子，他立刻就猜到了原因。

"看来，你已经参观过书包了？"哥哥问道。

"发电器在哪里？"我反问。

"在书包里呀。你没看到吗？"

"里面只有书啊。"

"发电器也在里面。你没好好看。你用什么看的？"

"用什么看？！当然用眼睛看啦。"

"就知道你只用眼睛看了。得用脑子看。只用眼睛看是不行的，要弄清楚，你看到了什么。这就叫'用脑子看'。"

"要怎么用脑子看？"

"想知道只用眼睛看和用脑子看的区别吗？"

哥哥从口袋里掏出一支铅笔，然后在纸上画了这幅图（图 37 左），接着说："图上双线条的地方代表铁轨，单线条表示公路。现在仔细看这幅图，然后告诉我哪条铁轨长，是从 1 到 2 这条，还是从 1 到 3 这条？"

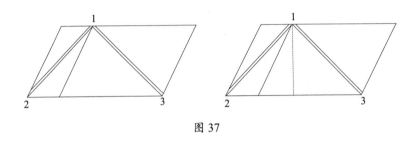

图 37

"当然是 1 到 3 这条长。"

"这是你只用眼睛看得到的结果。现在好好用脑子来看。"

"但是要怎么看？我不会啊。"

"用脑子看是要这样做的。假如我们通过 1 作一条垂直于 2-3 这条公路的直线，"哥哥在纸上画了一条虚线（图 37 右），"这条线把公路分成几部分？"

"相等的两部分。"

"对，相等的两部分。这说明，虚线上的任意一点，它到 2 这端和到 3 这端的距离是相等的。现在你觉得 1 点到 2 近，还是到 3 近？"

"这就很明显了，到 2 和到 3 的距离相等。原先看起来，右边的铁路要比左边的长呢。"

"原先你只用眼睛看,现在是用脑子看了。明白差别了?"

"明白了。仪器在哪里?"

"什么器?啊,发电器。在书包里。原封不动。你没发现,是因为你没用脑子看。"

哥哥从书包里拿出那包书,小心地把纸包打开,然后把报纸拿起来递给我:"这就是我们的发电器。"

我疑惑地看着报纸。

"你觉得这就是一张报纸,不是别的什么了?"哥哥继续说道,"用眼睛看,就是报纸。但是如果会用脑子看,就会看出报纸还是一个物理机器。"

"物理机器?做实验用的机器?"

"对。把报纸拿在手里。是不是很轻?你肯定觉得,随时都能用一根手指就把它举起来。你马上就会看到,就是这张报纸,有时候也会变得非常非常重。把那根画图尺给我。"

"这把尺子有缺口,不能用了。"

"那更好。这样弄坏了也不可惜。"

哥哥把尺子放在桌子上,让尺子的一部分露出桌边。

"碰一碰露出的部分。是不是很容易就能让尺子倾斜?等我用报纸盖住没露出的那部分,你再试试看能不能让尺子倾斜。"

　　哥哥把报纸摊在桌上，小心翼翼地把它展平，然后拿它盖住尺子。

　　"找根小木棒来，然后很快地击打尺子露出的部分。用尽全力去打！"

　　"那么打的话，尺子会把报纸掀飞到天花板上的！"我一边喊着，一边使劲挥动木棒。

　　"别舍不得力气就是了。"

　　击打的结果完全出乎我的意料。木棒打在尺子上后响起一声清脆的断裂声，尺子被打断了，但是，报纸仍然盖着桌上的那部分断尺，纹丝不动。

　　"报纸比你想象得要重吧？"哥哥戏谑地问我。

　　我看看断尺，看看报纸，不知道该说什么。

　　"这就是实验？电学实验？"

　　"这是实验，不过不是电学实验。电学实验待会儿做。我只是想告诉你，报纸的确是可以用作物理实验的机器。"

　　"可是为什么报纸不会离开尺子呢？你看，我轻轻松松地就能把它从桌子上拿起来。"

　　"这就是这个实验的关键了。报纸受到了空气的压力，而且是很大的压力：每平方厘米的报纸要受到整整一千克的压力作用。当我们击打尺子露出的那部分，另一部分对报纸产生了向上的压力，报纸被稍稍抬起了一点。如果击打的动作很慢，那么空气就会从报纸下面被抬起的缝隙中涌入，这样报纸上下所受的力就会达到平衡。但是，由于你刚刚击打的速度非常快，虽然报纸的中间被稍稍抬起，但边缘仍然贴着桌子，所以空气没来得及涌到报纸下面。结果，你要抬起的就不是一张报纸了，而是报纸加上报纸上方的空气。简单地说，报纸的面积有多少平方厘米，你要抬起的重量就是多少千克。如果报纸的面积是 16 平方厘米，也就是边长 4 厘米的正方形报纸，那它受到的空气压力就是 16 千克。这张报纸可大得多了，也就是说，你得抬起相当大的一个重量，大概有 50 千克吧。这样的重量尺子可承受不住，所以就断开了。你现在相信用报纸也能做实验了吧？……等天黑了，我们就开始做电学实验。"

2.2　手指上的火花——听话的木棒——山上的电能

哥哥一只手拿一把衣服刷，另一只手将报纸按在烘热的炉子上，然后开始用刷子刷报纸，就好像油漆匠为了让墙纸贴牢，把墙上的墙纸展平一样。

"快看！"哥哥说道，一边把两只手都拿开。我本以为报纸会掉到地上，出乎意料，报纸神奇地贴在炉子平滑的瓷砖上，就好像被粘住了。

"报纸怎么会贴在上面？"我问，"又没涂胶水。"

"是电把报纸粘住的。报纸带上了电，会被炉子吸引。"

"你怎么没告诉我，书包里的报纸是带电的？"

"它本来不带电。是我刚刚让它带上电的，就当着你的面，用刷子干的。报纸由于摩擦带上了电。"

"这就是电学实验？"

"对。这才刚刚开始……把灯关了。"黑暗中，我隐隐约约地看到了哥哥的身影，还有白色的壁炉上浅灰色的斑点。

"现在跟我来！"

比起看到，我更多的是猜到哥哥要做的事，因为那令人难以置信。他把报纸从壁炉上拿下来，放在一只手上托着，另一只手手指张开，慢慢地靠近报纸。

这时候——我简直不相信自己的眼睛——从手指上迸溅出火花，长长的蓝白色的火花！

"这是电火花。想不想试试？"

我赶紧把手藏到背后。说什么也不试！哥哥重新把报纸贴在壁炉上，用刷子刷了几下，手指上又迸射出长长的火花束。我发现，他的手指根本没有碰到报纸，而是在离报纸有几厘米的地方。

"试试看，别害怕，一点也不疼。把手给我！"他抓起我的手，把我拽到壁炉前，"把手指张开！……对了，就这样！怎么样，不疼吧？"

我根本不知道蓝色的火花是怎么从我的手指里迸射出来的。映着火花，我看到哥哥只拿起了一半的报纸，另一半仍然粘在壁炉上。火花迸出的时候，我感到手指有轻微的针刺的感觉，但一点也不疼。根本不用害怕。

"再来一遍。"这回轮到我要求了。

哥哥把报纸贴在壁炉上，然后摩擦它，是直接用手掌摩擦！

"你在干什么？你忘了刷子！"

"无所谓。看，弄好了。"

"什么也不会发生的，因为你是空手刷的，没有用刷子。"

"如果手是干的，不用刷子也行。只要有摩擦就可以。"

果然，从我的手指又迸射出火花，跟之前的一模一样。

等我看够了火花，哥哥解释道："行了，够了。现在让你看看电流，也就是哥伦布和麦哲伦在自己的轮船桅杆顶端看到的东西……把剪刀给我！"

哥哥把剪刀打湿，又把报纸从壁炉上取下来。黑暗中，他把剪刀的尖头靠近报纸。我以为会看到火花，却看到了别的东西：从剪刀的尖头顶端射出一条条蓝红色的光纤束，而剪刀离报纸还很远哩，另外还有持续的轻微的咝咝声。

"这也是电火花，只不过要大得多。水手们经常在桅杆和横桁上看到。它们被称为'圣艾尔摩之火'。"①

"它们从哪儿来的？"

"你想问是谁把带电的报纸举在桅杆上面的，对吗？那里当然没有报纸啦，不过有带电的云朵，它们低低地飘在桅杆的上方。云朵的作用跟报纸一样。别以为这种现象只在海上发生。在陆地上，尤其是在山上也能经常见到。凯撒就曾经描述过：一个多云的夜晚，他手下的一个士兵拿着的刺刀尖头迸射出这样的火花。水手和士兵们都不怕电火花，相反，他们认为这是一种好的征兆。当然了，这是完全没有科学根据的。有时候，在山上的人也会迸射出电火花，从他们的头发啦，帽子啦，耳朵啦，总之身上所有露在外面的部分，而且还会听到嗡嗡声，就像刚才从剪刀发出的那种声音。"

"这样的电火花会把人烧伤吗？"

"完全不会。毕竟这不是火，而是光，冷光。它的热量极少，没有任何害处，连一根火柴都点不着。你看，我现在用火柴代替剪刀，看，火柴头周围也有电火花吧，可是火柴却没有被点燃。"

"我觉得它在烧呢，火柴头上有火苗在蹿动。"

---

① "圣艾尔摩之火"之名源于公元3世纪时海员们的守护圣人圣艾尔摩（意大利文：St. Erasmus）。这是一种自古以来就常被海员在航海时观察到的自然现象，早期人们在狂暴的雷雨时看到船只桅杆上发生发光的现象，便认为是守护圣人显灵保佑，故此得名。——编者注

"把灯打开，把火柴拿到灯底下好好看看。"

这下我相信了，火柴不仅没有被点燃，连火柴头都是凉的。看来，火柴头周围的确是冷光，根本不是火苗。

"不要关灯，下一个实验我们要开着灯做。"

哥哥把椅子挪到房间中间，然后把一根木棒横放在椅背上。

他试了几回，终于把木棒平衡地放在椅背上，虽然木棒只有一个地方支在椅背上，但是不会掉下来。

"我不知道木棒能这样放，"我说，"毕竟它有这么长。"

"就因为长，才能这样放。要是短的木棒，比如铅笔吧，就放不住了。"

"嗯，铅笔绝对没法这样放。"我应道。

"现在开始做试验啦。你有没有办法不碰到木棒，而让它转向你这边呢？"

我犹豫了一会。

"要是在木棒的一头套一个绳环的话……"我开始说道。

"什么绳子都不能用，总之完全不碰到木棒。有没有办法？"

"啊！我知道了！"

我把脸靠近木棒，开始用嘴巴使劲地吸气，想把木棒吸过来，可木棒却一动不动。

"怎么样？"

"动都没动。不可能做到的嘛！"

"不可能？瞧着吧！"

说着，哥哥把牢牢地粘在壁炉瓷砖上的报纸拿下来，慢慢地把它靠近木棒的一侧。就在报纸离开木棒还有几乎半米的地方，木棒感受到了报纸的吸引力，开始听话地朝报纸的方向转动。哥哥手拿报纸，指挥着木棒在椅背上来回地转动，一会儿向左，一会儿向右。

"你看，带了电的报纸对木棒产生的引力非常大，所以报纸往哪儿动，木棒就跟着往哪儿动，直到报纸上的电都跑到空气里去为止。"

"可惜这些实验不能在夏天做，那时候壁炉是冷的。"

"壁炉的作用是把报纸烘干，因为这些实验必须用完全干燥的报纸做才能成功。你大概注意到了，报纸会吸收空气中的湿气，所以总有点湿湿的。实验时就必须先把它烘干。别以为夏天就不能做这些实验。夏天也能做，只不过效果没有冬天的时候好，原因就是冬天暖烘烘的屋子里的空气比夏天要干燥。做这种实验，干燥是非常重要的。夏天的时候，可以用厨房里的炉灶：做完饭的时候，等炉灶冷却到不会把报纸烧着的程度，把报纸放在上面烘干。等报纸完全烘干，再把它铺在干燥的桌子上，用刷子摩擦。报纸也会带电，只不过效果不如放在壁炉的瓷砖上……好了，今天就到这里。明天我们做新的实验。"

"也是电学实验？"

"对，而且还是用我们的发电器——报纸来做。给你一本有趣的书，里面描述了法国著名的自然科学家索绪尔在山上经历'圣艾尔摩之火'。1867年，索绪尔和他的同伴们到达海拔3000多米的萨尔勒山峰。这里描写了他们的经历。"

哥哥从书架上拿下弗拉马里翁写的《大气》，把它翻到下面的地方让我看：

> 大家爬到山顶后，把铁皮包着的棍子放在山岩上，正准备吃饭，这时，索绪尔感到自己的肩上和后背一阵阵刺痛，好像被针扎了的感觉。"我以为，"索绪尔后来回忆道，"有大头针扎到我的亚麻披风里了，所以我把披风脱下来。可是，情况没有好转，疼痛反而更剧烈了，整个肩膀和后背都疼极了。不仅疼，还痒，而且有强烈的刺痛感，就好像皮肤上有黄蜂在爬，在不停地扎我。我又把里面的大衣也脱掉了，可是也没找到任何会扎人的东西。疼痛不断加剧，好像背上被灼伤的感觉。我发现自己的毛背心被烧着了。我正准备脱掉背心，突然听到嗡嗡的响声。声音是从放在山岩上的棍子上发出来的。那个声音就像是水被加热，马上就要沸腾了。这一切持续了有五分钟的时间。
>
> 这时我才明白，疼痛感来自山上的电流，只不过白天的时候看

不见棍子上的电光。不管把棍子包着铁皮的一端垂直向上，还是垂直向下，又或者是把它水平拿着，棍子都发出同样刺耳的声音。只有放在地面上的时候没有任何声音发出。

过了几分钟，我感到自己的头发和长长的胡子都翘了起来，好像有人拿着一把干燥的剃须刀在刮我的脸。我的一位年轻的同伴也发现自己的小胡子翘起来了，并且耳朵上面还发出强烈的电流，吓得惊叫起来。我把手举起来，看到电流从手指射出来。电流从棍子、衣服、耳朵、头发，总之身上所有露出来的地方向外迸射。

我们立刻离开了山顶，往下爬了大约100米。越往下走，棍子发出的声音就变得越弱了，后来，声音轻得只有把耳朵贴在棍子上才能听到。

这就是索绪尔的经历。书里还描写了其他跟"圣艾尔摩之火"有关的故事。

在多云的天气里，如果云朵距离山顶的距离很近，凸起的山岩也会发出电流。

1863年10月，瓦特康和几个游客准备攀登瑞士的少女峰。早晨的天气很好，但是，当他们靠近峰顶的时候，刮起了一阵夹着冰雹的大风。一声巨大的雷鸣后，瓦特康听到了棍子上发出的咝咝声，就像热水器烧开的声音。游客们停了下来，他们发现自己带着的杆尺和斧头也发出同样的声音。声音持续不断，直到把棍子和斧头的一段插入地面，声音才停下来。有一位旅客把自己的帽子脱下来，突然感觉头发被烧着了，吓得他直喊起来。确实，他的头发都竖了起来，好像都带上了电。所有的人都感到脸上和身上的其他部位有刺痛感。瓦特康的头发都直挺挺地竖着。手一动，手指的顶端就会发出电流通过的嘶嘶声。

2.3 纸人跳舞——蛇——竖起的头发

哥哥没有胡说。第二天天黑以后，他又开始做实验了。第一件事就是把报纸"粘在"壁炉上。然后他向我要了一张比报纸厚的作业纸，用它剪出了各种好笑的、姿态各异的小人。

"这些小人马上就会跳起舞来。把大头针给我！"

很快，小纸人的脚上都被钉上了大头针。

"这是为了不让纸人飞走，或者被报纸带走……"哥哥一边解释，一边把小纸人放在茶托上，"演出开始！"

哥哥把报纸从壁炉上"撕下来"，用两手水平拿着，慢慢移到放着纸人的托盘的上方。

"起！"哥哥命令道。

想象一下，纸人就乖乖地站立起来了。它们就那么直立着，直到哥哥把报纸移开，它们又倒下了。可哥哥没让它们休息多久，他把报纸一会儿移近，一会儿移远，小人就一会站起来，一会儿躺下去（图38）。

"要是我没有用大头针增加它们的重量，它们就会被报纸吸引过去，紧紧贴着它。看！"哥哥把其中几个小人脚上的大头针拿走，"它们就完全粘在报纸上了，而且不会掉下去，这就是电流的引力。现在做一个关于电流斥力的实验。嗯……你把剪刀放哪儿了？"

图 38

我把剪刀递过去。哥哥把报纸重新"粘到"壁炉上，然后在报纸的一边，从下到上，剪出一根长长的细细的纸条，不过他没有剪到头，然后按照同样的方法剪了第二条，第三条……到第六条或者第七条的时候，他就把纸条完全剪了下来。纸须就剪好了，不过跟我想的一样，它没有从壁炉上滑下来，而是仍然贴在那里（图39）。哥哥一手按住纸须的上端，用刷子沿着纸条刷了几下，然后把整把"胡须"都从壁炉上取下来，手伸出去拿住它的上端（图40）。

纸条没有自然地往下垂，而是彼此排斥，结果纸条的底端都张开了。

哥哥解释说："纸条相互排斥是因为它们都带了相同的电。要是靠近完全不带电的物体，它们就会被吸引过去。把手从下面插进纸须，纸条就会粘到手上。"

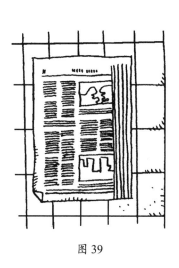

图 39

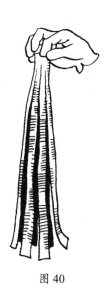

图 40

我稍微蹲下身，把手从纸条中间的空隙伸进去。我是说，我想把手伸到空隙里，不过没有成功，因为纸条就像蛇一样缠在了我的手上。

"你不害怕这些蛇？"哥哥问。

"不怕，它们是纸蛇呀。"

"我可害怕，你看看有多可怕！"

哥哥把纸条举到自己头顶，然后我就看到，他的头发都直挺挺地竖了起来。

"这是实验？快告诉我，这也是实验？"

"这就是我们刚刚做的实验，只不过换了种方式。报纸让头发带上了电，而头发被报纸吸引的同时，彼此又互相排斥，就像刚才的纸条一样。把镜子拿来，让你看看你自己的头发是怎么竖起来的。"

"不疼吧？"

"一点也不疼。"

果然，我一点也没有觉得疼，连痒的感觉都没有。与此同时，我清楚地看到镜子里自己的头发在报纸下面一根根地朝上竖立着。

我们又重复了昨晚的实验，然后，哥哥结束了"这场演出"（他把我们的实验叫成表演），答应我明天继续新的实验。

2.4 小闪电——水流实验——大力士吹气

接下去一天的晚上，哥哥进行了奇怪的实验前准备。

他拿了三个水杯在壁炉旁烘了一会儿，然后放在桌子上，接着把托盘也放在壁炉上烘了烘，再把它盖在了水杯的上面。

"这是要干什么？"我好奇地问，"应该把水杯放在托盘上，不是托盘在水杯上啊。"

"等着瞧，别急。我们要做小闪电的实验。"说着，哥哥开始制作"发电器"，也就是把报纸放在壁炉上摩擦起电。然后，他把报纸对折，重新放在壁炉上用刷子刷。之后，他把报纸从壁炉上"撕下来"，平铺在托盘上。

"碰一下托盘……不是很冰吧？"

我一点也没有疑心，就毫无准备地把手伸向托盘，然后赶忙把手缩回来，因为我感到有什么东西在扎我的手指，扎得我又疼又痒。

哥哥大笑起来："怎么样？你被闪电打着了。听到劈啪声了吗？那可是小闪电的声音。"

"我感觉到剧烈的刺痛，但是没看到闪电。"

"我们关了灯再做一次实验，你就能看到。"

"可是我不要再碰托盘了！"我坚定地说道。

"不需要碰。只用门钥匙或者茶匙也射出火花来。你不会有任何感觉，而火花还会那么长。不过我先来做，好让你的眼睛适应一下。"

哥哥关了灯。

"闪电要来了。看着！"黑暗里响起了哥哥的声音。

劈啪声和有半根火柴那么长的明亮的蓝白色火花在托盘边缘和钥匙之间跳动（图41）。

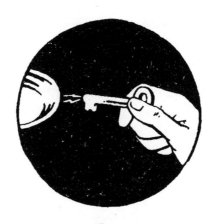

图 41

"看到闪电了吗？听到雷声了吗？"哥哥问。

"可它们是同时发生的，真正的雷声比闪电慢。"

"你说得对，我们总是晚点听到雷声。但事实上它们是同时发生的，就像我们实验中的一样。"

"那为什么雷声听起来慢呢？"

"看到没有，闪电是光，光的速度是非常快的，它能在瞬间通过地球上的任何一段距离。而雷声是声音，声音在空气中的传播速度没有那么快，它比光线的速度慢得多，到达我们耳朵的时间要晚。所以我们总是先看到闪电，再听到闪电时发出的雷声。"

哥哥把钥匙递给我，把报纸拿下来，——这时我的眼睛已经适应了黑暗，——让我去把"闪电"从托盘中引出来。

"没有报纸的话会有火花吗？"

"你试试就知道了。"

我还没来得及把钥匙靠近托盘的边缘，就看到了明亮的、长长的火花。

哥哥把报纸重新放在托盘上，我又从托盘中引出了火花，但这次的火花已经弱了一些。哥哥在托盘上放上报纸，之后又把它拿走，来来回回做了几十次（没有再把报纸放在壁炉上），每次我都引出了火花，不过一次比一次弱。

"如果我不是用手拿报纸，而是通过丝线或者绸条，那火花持续的时间就会久一些。等你以后学了物理，你自己就会明白这是为什么了。现在你只需要用眼睛看，不需要用脑子看。接着再做一个实验，用水流做。

这个实验我们在厨房的水龙头那里做。报纸就先让它在壁炉上烘着吧。"

我们打开水龙头，细长的水流打在洗碗池底部，发出很响的声音。

"现在，我要接触到水流，就让它改变流向。你想让它往哪边流？左边，右边，还是前面？"

"往左，"我不假思索地回答。

"好。你别碰水龙头，我去拿报纸。"

哥哥拿来了报纸，为了使报纸的电尽可能少流失，他把双手向前伸展，让它们尽量远离身体。他把报纸靠近水流的左侧，这时我清楚地看到，水流向左弯曲了。哥哥把报纸拿到另一侧，水流又弯向了右边。最后，他把报纸拿到前面，水流直向前弯曲，甚至溅到了洗碗池的外面。

"看到电流的引力有那么大了吧。而且，即使没有壁炉或者炉灶，这个实验也很容易做，只要我们用普通的橡胶梳子代替带电的报纸就可以了，就像这样的梳子，"说着，哥哥从旁边的口袋掏出了一把梳子，在自己浓密的头发上梳了几下，"这样做就能让它带上电。"

"可你的头发不带电啊？"

"当然了。我这是普通的头发，跟你的，跟大家的都一样。但是如果用橡胶摩擦头发，橡胶就会带电，就像报纸跟刷毛摩擦后会带电。瞧！"

哥哥把梳子靠近水流，水流明显地弯曲了。

"接下去要做的实验就不能用梳子了，因为梳子的带电量很小，比我们的'发电器'小多了。我要用报纸做最后一个实验，不过不是关于电的了，而是气压实验，就像把尺子折断的那个实验。"

我们回到房间后，哥哥就开始剪报纸，接着把它粘成了一个小袋子。

"等胶水干了，就拿几本厚点、重点的书。"

我在书架上找了三本又厚又重的医学方面的书，然后把它们放在桌子上。

"你能用嘴巴把纸袋吹鼓起来吗？"哥哥问。

"当然了，"我答道。

"这事易如反掌，是吧？不过要是在纸袋上压上几本这样的书呢？"

"啊，那样的话，再怎么使劲也不会吹起来的。"

哥哥一句话也没说，他把纸袋放在桌子边上，然后拿了一本书压在上面，接着又拿了一本竖放在第一本书上（图42）。

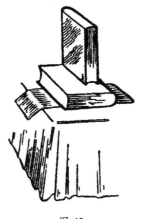

图 42

"你好好看着，我这就把它吹起来。"

"你不准备把书吹走吧？"我打趣道。

"你说对了！"

哥哥开始往纸袋里吹气。你猜猜怎么着了？被吹鼓的纸袋把下面的书顶得倾斜了，于是掀翻了上面的那本书（图43）。

图 43

我惊呆了，还没等我回过神来，哥哥就准备重复一遍实验了。这次他用三本书压住纸袋。他朝纸袋里吹了一口气，结果——哇，简直是大力士在吹气，——三本书都被顶翻了！

最令人难以置信的是，这个看起来不可思议的实验其实根本没什么了不起的。当我也鼓起勇气去吹的时候，我也像哥哥那样轻轻松松地就把书掀翻了。不需要大象那样的肺活量，也用不着大力士的肌肉，所有一切自然而然地就成功了，根本不需要用力。

　　接着，哥哥跟我解释了实验的原理。当我们往纸袋里吹气的时候，吹进去的空气压力比外面空气产生的压力大，否则纸袋就不会鼓起来。外面空气的压强大约是每平方厘米 1000 克。大概计算一下受到书的压力作用的纸袋面积，然后就能轻松地推算出：假设纸袋上下的压强差只有 $\frac{1}{10}$，也就是说每平方厘米 100 克，那么袋内空气的对纸袋产生的总压力也几乎达到 10 千克。这样的作用力足够把书掀翻。

　　到这里，用报纸进行的实验就结束了。

第三章 另外72个物理问题和实验

3.1 如何用不准的天平称重?

精准的天平和精准的砝码，哪个更重要？很多人都认为是前者，事实上却是后者更重要。如果没有准确的砝码，就不可能正确地称重；可要是天平不准，也仍然完全可以准确地称重。

举个例子，如果你用杠杆和茶杯做一个天平，你肯定怀疑它的准确度。这时候你可以这样做：不要把需要称重的物体直接放到茶杯里，先在一个茶杯里放上别的物体，这个物体要比需要称重的物体稍微重一点；在另一个茶杯里放上砝码，使杠杆平衡。

然后，把称重的物体放在装着砝码的茶杯里，这时杠杆当然会倾斜，为了使杠杆平衡，必须拿掉一点砝码。拿走的砝码重量就是物体的重量了。道理很简单。物体和砝码对茶杯产生的作用力相等，因此，它们的重量相等。

用不准的天平称重，这个巧妙的办法是我们伟大的化学家德·伊·门捷列夫想出来的。

3.2　在称重台上

如果一个人站在称重台上往下蹲，蹲下的瞬间称重台会向上还是向下运动？

答案是向上。为什么？因为当我们下蹲的时候，肌肉在将上身向下拉的同时会将双脚向上拉，结果身体对称重台产生的压力就减少了，称重台就向上抬起。

3.3　滑轮拉重

假设有一个人，他能够将100千克的重物从地上抬起。为了抬起更重的东西，他用绳子绑住重物，然后把绳子穿过固定在天花板上的滑轮。用这种方法他能够拉起多重的物体？

借助固定的滑轮能够拉起的物体重量丝毫不会大于空手能够抬起的重量，反而会更小。因为当我去拉穿过固定滑轮的绳子时，我能够抬起的物体重量不会超过我的体重。如果我的体重小于100千克，我就无法通过滑轮拉起同等重量的物体。

3.4　两把耙

很多人会混淆重力和压力，事实上它们不是一回事。物体的重力可能很大，但产生的压力却可能微乎其微；反之，重力小的物也可能产生很大的压力。

通过下面的例子，你可以弄清重力和压力的区别，并且明白如何计算物体在支撑物上产生的压力。

地里有两把相同构造的耙，只不过一把有 20 个耙齿，另一把有 60 个。第一把耙连重物共重 60 千克，第二把连重物重 120 千克。

哪把耙地耙得更深？

很容易会以为是负重大的那把耙齿耙得深。但是，第一把耙的总重量 60 千克分摊在 20 个耙齿后，每个耙齿受到的压力是 3 千克；第二把耙每个耙齿受到的压力是 120/60 千克，也就是 2 千克。这说明，虽然第二耙的总重量大，但是耙齿扎入土地的程度要浅。第一把耙的每个耙齿受到的压力要大于第二把耙的耙齿。

3.5　酸白菜

再举一个计算压力的简单例子。两个装酸白菜的木桶，上面分别用圆木盖盖住，圆木盖的上面再放上石头。第一个桶的圆木盖直径24厘米，石头重 10 千克；第二个桶的木盖直径 32 厘米，石头重 16 千克。

哪个酸白菜桶受到的压强大？

显然，是每平方厘米木盖受到的压力大的那个桶压强大。第一个桶的石头重量 10 千克分摊到木盖的面积 $3.14 \times 12 \times 12 = 452$ 平方厘米，也就是说，每平方厘米木盖受到的压力是 10000/452，也就是大约 22 克。第二个桶每平方厘米木盖受到的压力是 16000/804，也就是少于 20 克。所以，第一个桶受到的压强大。

3.6　马和拖拉机

很重的履带拖拉机在松软的土地上也能够平稳地行驶，而人和马走在上面的时候却会把脚陷到土里摔倒。很多人都感到困惑，毕竟拖拉机比人和马重多了。为什么马的脚会陷入松软的土里，而拖拉机却不会呢？

要弄清其中的道理，就得先回忆一些重力和压力的区别。

陷得深的不是重力大的物体，而是每平方厘米受到压力大的物体。履带拖拉机的重力很大，但是它会分摊到履带的表面积，而履带的表面积要比马和人的脚底面积大得多。结果，拖拉机每平方厘米的支撑面上受到的压力就只有几百克。而马的重力分摊到面积很小的马蹄上，结果每平方厘米的支撑面受到的压力就要超过 1000 克，这个数字是拖拉机的 10 倍。也就不奇怪，为什么马会陷入松软的土地，而履带拖拉机却不会了。大概很多人都见过，为了让马在松软泥泞的土地上更好地行走，人们会在马蹄上套上宽大的"底板"，它能够增大马蹄的支撑面积，这样马就不会陷得太厉害了。

3.7　冰上爬行

如果河水或湖泊结的冰不够厚实，有经验的人就不会用双脚在上面走动，而是爬行。他们为什么要这么做呢？

人躺着的时候，他的体重当然不会改变，但是支撑面积会增大，结果每平方厘米受到的压力就变小了。换句话说，压强变小了。

现在你能明白，为什么在薄冰上爬行更加安全了，——这样做的话冰受到的压强就变小了。有时候人们会躺在一块宽大的木板上滑过薄冰。

冰能够承受多大的压力？当然，这取决于冰的厚度。厚4厘米的冰能够承受一个行走的人的体重。

有趣的是，要在河面或湖泊上滑冰，需要多厚的冰？ 10 ～ 12 厘米厚的冰就足够了。

3.8　绳子哪儿断？

做一个如图44的装置。把一根木棒固定在门缝中间，在木棒上绑一根绳子，绳子的中间系一本重一点的书，头上系一把尺子。这时候如果用力扯尺子，绳子的哪里会断开？是书的上面，还是书的下面？

图 44

绳子有可能在书的上面断开，也可能在书的下面断开，这要看你是怎么拉尺子的。在哪里断开取决于你拉尺子的方式。如果你慢慢地拉，那么绳子的上端就会断开；如果你突然用劲地去扯，那么绳子的下端会断开。

这是为什么呢？慢慢拉绳子，绳子会在靠上的地方断开，这是因为此时绳子的上端不仅受到手施加的拉力，还受到书的重力作用；而绳子的下端只受到手的拉力。如果突然扯绳子，那么，由于作用力施加的时间太短，绳子的上部分就来不及受到显著的作用力，它就不会被扯断，而所有的拉力就会集中在下部分，因此绳子就在靠下的地方断开了。即使绳子的下半段要比上半段粗，结果也不会改变。

3.9 被撕破的纸条

剪一张手掌那么长、手指那么宽的纸条，我们要用它做一个有趣的实验。在纸条上剪开或撕开两个口（如图 45），然后你问问同学，如果从两端用力扯纸条，纸条会在哪个地方断开。

图 45

"当然会在被撕开口的地方断开，"他肯定会这样回答。

"会撕成几段呢？"你再问他。

一般人们都会回答，当然会被撕成三段。如果你的同学这样回答你，你就让他做个实验检验一下。

他会惊讶地发现自己竟然错了，纸条只会断成两段。

无论你做多少次这个实验，不管纸条多长多宽，不管撕开的口是深还是浅，你只可能把纸条撕成两段，不会超过这个数字。纸条会在它可承受力最弱的地方断开，就像俗语说的，"哪里细，哪里断"。原因在于，撕开或剪开的两个口，不管你多么仔细，它们都不可能被弄得一模一样，总有一个深一点，一个浅一点，尽管看上去几乎没有区别。有更深裂口的地方就是纸条承受能力最弱的地方，这里就会最先被撕开。一旦被撕开，随着裂口越来越深，这个地方的承受能力会越来越弱，结果纸条就会在这个部位完全断开。

你大概已经心满意足，因为当你在进行这个微不足道的实验时，你已经触及到了科学技术中一个非常重要的领域，这个领域就是"物体的阻力"。

3.10　牢固的火柴盒

如果使劲用拳头砸空的火柴盒，火柴盒被变成什么样子呢？

我相信，十个读者当中会有九个告诉我火柴盒会被砸坏，还有一个人——他自己做过这个实验，或者是从别人那里听说过，——会有不同的看法：火柴盒会完好无损。

这个实验要这样做。把空火柴盒的盒套和内屉拿出来，按图 46 的方法摆放，然后用拳头迅速、用力地砸向火柴盒。你就会看到火柴盒都被砸飞了，可是把它们拿起来一看，不管外盒套还是内屉都完好无损。火柴盒产生了很大的弹力，弹力能够保护火柴盒：虽然火柴盒会有些变形，但不会被弄坏。

图 46

3.11　把物体吹向自己

在桌上放一个空火柴盒，然后找一个人让他把火柴盒吹远。这事当然是轻而易举的。那你就让他反过来做，把火柴盒吹回来，而且不允许把头伸过去从火柴盒的后面吹。

没有多少人知道如何做到这件事。有一些人会试图通过吸气的方法把火柴盒吸过来，这显然是徒劳的。其实秘密很简单。该怎么做呢？

找一个人请他用手掌挡在火柴盒后面，然后你就开始往他的手上吹气。气流碰到手掌后反射回来，就会作用在火柴盒上，把它吹向你这边。

这个实验非常简单，唯一要注意的就是要在足够光滑的桌子上做，而且绝对不能在铺了桌布的桌子上去做。

3.12　挂钟

如果挂钟（挂在墙上、带钟摆的钟）走慢了，要怎么调整钟摆，才能使挂钟正常工作呢？如果挂钟走快了，又应该怎么做呢？

钟摆越短，它摆动的速度就越快。只要用系重物的绳子做个实验，就能证明这一点。根据这个道理，我们就能得到问题的答案：如果挂钟走慢了，就要抬高钟摆轴上的垫片，稍微缩短钟摆的长度；如果挂钟走快了，就得增加钟摆的长度。

3.13 平衡杆会怎么停？

在一根木杆的两端固定两个同样重量的小球（图 47）。在木杆的正中心打一个小洞，拿一根小木条从洞里穿过去。如果木杆以木条为转轴旋转，它会旋转几圈后停下来。

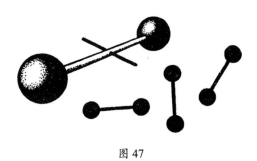

图 47

你可以预先判断出，木杆会停在什么位置吗？

有些人错误地认为，木杆只会在垂直的方向上停下来。事实上，木杆能够在任何位置保持平衡（如图 47）——垂直方向、水平方向或者倾斜的方向上，因为它的重心在支点上。任何物体，如果通过它的重心将它托住或者悬挂起来，这个物体在任何状态下都能保持平衡。

所以，想预先判断出木杆会停在什么位置，这是不可能的。

3.14 在车厢里往上跳

火车以每小时 36 千米的速度行驶。你站在这辆火车的车厢里往上跳，假设你在空中停留的时间是一秒（这个假设是偏大的，因为那样的话你得跳一米多高）。当你落地时，你会站在哪里？是原来的地方，还是别的地方？如果是别的地方，那么是向前了还是向后了？

你站在哪里往上跳，你就会落在哪里。不要以为当你在空中的时候，底板会连同车厢一起向前行进而把你甩在后面。当然，车厢确实在往前，但是由于惯性的作用，你也能跟着一起往前，而且你的行进速度等于车厢的行进速度。你总是会刚好落在起跳的地方。

3.15 在甲板上

两个人站在轮船的甲板上玩球，轮船在行驶，一个人靠近船头，一个人靠近船尾。哪个人能够更轻松地把球抛给对方？是第一个，还是第二个？

如果轮船做的是匀速直线运动，那么两个人是一样轻松的，——情况跟在静止的轮船上相同。不要以为靠近船头的人会远离球,而靠近船尾的人是向着球移动的。由于惯性作用,球和轮船具有相同的速度。轮船的速度会传递给玩球的人,也会传递给飞行的球。所以,由于轮船的运动(匀速直线),哪个人都占不到便宜。

3.16 旗子

气球被风吹向北方,那么气球吊篮上的旗子会往哪个方向飘呢?

气球受到气流作用而发生运动时,气球相对于周围的空气是静止的,所以,气球上的旗子不会因为风的作用而向任何方向展开,跟无风的时候一样,旗子会下垂着。

3.17 在气球上

气球在空中静止着。从吊篮里爬出一个人,开始沿着绳索往上爬。

这时候气球会往哪个方向运动?向上还是向下?

气球会向下运动,因为人在向上爬的时候,人会对气球产生一个反方向的作用力。这跟人在船上行走一样:人往前走,船会往后走。

3.18　走路和跑步

跑步和走路有什么区别？

在回答这个问题之前，首先回忆一下，跑步有可能比走路还慢，甚至有原地跑步的情况。

跑步和走路的区别不是速度。走路的时候，我们的身体总是通过脚掌的一部分与地面接触，而跑步的时候，我们的身体可能完全离开地面。

3.19　自动平衡的木棒

两手分别伸出食指，放在桌子上，把一根平滑的木棒放在食指上，如图48。现在把手指相互靠近，让它们完全贴紧。奇怪的事发生了！当手指完全贴紧的时候，木棒没有掉下来，而是仍然保持平衡。改变手指原来的位置，重复几遍这个实验，结果不会有任何改变，木棒会始终保持平衡。用画图尺、带柄的手杖、台球杆、地板刷代替木棒，你会发现同样的结果。

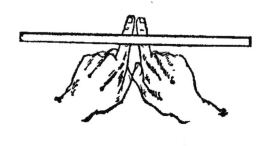

图 48

原因在哪里？

首先明确一点，一旦木棒在紧靠的手指上平衡，就说明手指刚好在木棒的重心下面（如果经过物体重心的垂线刚好穿过支撑物内部，物体就会保持平衡）。

当手指分开的时候，物体的大部分重量会作用在靠近物体重心的手指上。由于压力越大产生的摩擦力也越大，所以，靠近物体重心的手指就会受到更大的摩擦力。结果，靠近重心的手指就难以滑动，总是只有远离重心的手指能够移动，一旦这根手指移动后更加靠近重心，两根手指的角色就互换了。这样的过程要重复多次，直至两根手指完全贴紧。由于每次都只有远离重心的那一根手指能够移动，自然而然，两根手指最终贴紧的地方就会在木棒重心的下面。

结束此次实验前，再用地板刷重复一遍（图49），并且思考一个问题：

如果在手指最终贴紧的地方将地板刷折成两段，放在天平的两端，天平的哪端更重：放把手的一端，还是带刷子的一端？

图 49

你可能以为，既然地板刷的两部分在手指上保持平衡，那么把它们放在天平上以后，天平也应该平衡。事实上，带刷子的一边更重。原因不难猜到，我们只要考虑到，当地板刷在手指上保持平衡的时候，手指左右两边的重力是在不相等的力臂上；而在天平上的时候，重量没有改变，力臂却相等了。

我为彼得堡文化公园的"趣味科学馆"订购了一批重心在不同位置的木棒，把木棒沿着重心所在的位置折成两部分。

当把两段木棒分别放在天平两端时，参观者常常惊讶地发现，短木棒总是比长木棒重。

3.20　河上的桨手

河上漂着一艘船，船的旁边漂着一块木片。对于桨手来说，是往前滑超过木片 10 米轻松，还是往后滑落后木片 10 米轻松？

这个问题甚至有些从事水上运动的人也会回答错误。他们认为，逆流划船要比顺流困难，所以，在他们看来，超过木片要比落后木片轻松。

当然，如果要把船划近岸边的某个停靠点，逆流要比顺流困难，这完全正确。但是，如果这个停靠点像河面上的木片那样，跟你一起顺着河水漂流，那情况就不一样了。

要知道，船在顺水漂流的时候，船与河水是相对静止的。这时候，桨手划船的感觉跟他在静止的湖泊上划船是没有差别的。不管桨手要把船往哪个方向划，他的轻松程度都不会改变。这跟我们上面的问题是一样的。

所以对于桨手来说，两者没有区别。不管是要超过木片一段距离，还是落后木片同样的距离，他都得付出同样的力气。

3.21　水面上的波纹

把一块石头扔向静止的水面，水面会泛起一圈圈向外泛开的圆形波纹。

如果把石头扔进流动的河水，波纹会是怎么样的呢？

如果你无法立刻找到解决这个问题的方法，你很容易误入歧途，从而得出这样的结论：石头扔进流动的河水之后泛起的波纹既不是短半轴在水流方向上的椭圆形，也不是形状不规则的长圆形。事实上，如果我们仔细地观察石头周围向外泛开的波纹，我们会发现，不管水流有多快，波纹始终是圆形的，没有任何变形。

其实答案并不出人意料。一个简单的推断就能让我们得出结论，不管河水是静止，还是流动，扔进石头后产生的波纹都是圆形的。让我们把河水的运动分解为两个部分：从中心向四周的辐射状运动，以及对应于水流方向上的运动。物体经过运动最终停止的状态，应当同将这个运动分解后依次进行的结果相同。

因此，首先让我们解释，石头被扔进了静止的河水。在这种情况下，产生的波纹当然是圆形的。

现在想象一下，水流在运动——无所谓水流的速度是多少，是匀速还是非匀速，只要这是一个向前的运动就可以。这时候，圆形的波纹会发生什么变化呢？它们会随着水流改变位置，但形状却不会有任何变形，也就是说，它们仍然是圆形的。

3.22 蜡烛火苗的偏向

如果把一根点燃的蜡烛从房间的一头拿到另一头，我们会发现，烛苗会往后倾斜。如果移动放在封闭的灯笼里的蜡烛，烛苗会怎么倾斜呢？

如果我们手提灯笼匀速地转圈，灯笼里蜡烛的火苗又会怎么倾斜呢？

如果有人认为，移动放在封闭灯笼里的蜡烛，烛苗完全不会倾斜，那他就错了。你点燃火柴做一个实验，就会发现，如果我们一边用手护住火苗一边移动火柴，火苗会发生倾斜，而且，出乎意料的是，火苗不是向后，而是向前倾斜。火苗向前倾斜的原因是，火苗的密度比它周围的空气密度小。同等的作用力会使密度小的物体产生更大的运动速度，所以，在灯笼里的时候，火苗会比空气具有更快的速度，结果火苗就向前倾斜了。

同样的道理——火苗比周围空气的密度小——也能够解释，为什么灯笼发生圆周运动的时候，火苗的倾斜方向会出人意料：它会向内，而不是如人们所想的那样向外倾斜。其实这个现象很好理解，只要我们回忆一下在离心机里面旋转的小球中水银和水的运动状态：水银离开旋转轴的距离比水远；如果把从离心轴向外的方向（也就是物体由于离心力的作用下降的方向）认为是下方，那么水就好像是浮在水银上。由于烛苗比周围的空气轻，灯笼旋转的时候，在指向旋转轴的方向上看，烛苗就好像浮在空气上。

3.23 中部下垂的绳子

需要用多大的作用力拉紧绳子，绳子的中部才不会下垂？

不管多么用力拉绳子，绳子中部始终会下垂。导致绳子中部下垂的重力是作用在垂直方向上的，而绳子的张力并不在垂直方向上。这两个力无论如何也不可能相互平衡，也就是说它们的合力不可能为零。正是这样的合力导致了绳子中部的下垂。

不管作用在绳子上的拉力有多么大，绳子都不可能被完全拉直（除非绳子是垂直放置的），绳子的中部必然会下垂。下垂的程度是可以尽量减小的，但达到零，也就是使绳子不下垂是不可能的。所以，任何并非垂直放置的绳子或传送带，它的中部都会下垂。

同样的道理，我们也不可能把吊床完全拉平。被拉紧的席梦思金属网线在躺在上面的人的重力作用下也会下垂。而吊床绳子的张力要弱得多，人躺上去的话吊床就变成一个耷拉着的睡袋了。

3.24　瓶子应该往哪儿扔？

从运动中的车厢窗口往外扔瓶子，瓶子应该往哪个方向扔，才能使瓶子落地时破碎的危险性最低？

如果从运动的车厢往外跳，沿着运动的方向往前跳要比逆着往后跳安全，因此似乎可以推动，把瓶子往前仍，瓶子落地时的冲击力最弱。但这种想法是错误的：物品应该往后扔，也就是与车厢运动的方向相反。这时候，投掷的动作使瓶子具有的速度，会被瓶子由于惯性带有的速度部分抵消，结果，瓶子接触地面时的速度就会减小。将瓶子往前扔的话，情况就会反过来：速度被叠加，瓶子与地面的冲击就会加强。

对人来说，往前跳比往后跳安全，其中的原因完全不一样：往前跳跌伤的可能性要比往后跳小。

3.25　软木塞

装着水的玻璃瓶里掉进了一块软木塞。软木塞的大小正好可以将其经瓶口拿出。但不知为何，无论怎么倾斜或翻转玻璃瓶，泼出的水始终不会将软木塞带出。一旦玻璃瓶被倒空，软木塞就会随着最后一部分水从玻璃瓶中掉出来。为什么会这样？

水不会将软木塞带出的原因很简单，因为软木塞比水的密度小，所以它总是浮在水面上。只有当瓶子里的水几乎倒光的时候，软木塞才有可能在下面，也就是在靠近瓶口的地方。所以，软木塞只可能随最后一部分水掉出。

3.26　春汛

春汛的时候，河水的水面会凸起——河水的中央会高于岸边。如果在春汛时的河面上漂浮着一段段木柴，那么这些木柴就会从河面的中央滚到岸边。在平水期，也就是水位较低的时候，河面会下凹——中央的水面比岸边的水面低。这时漂浮的木柴会集中在河水中央。

这是为什么？

为什么春汛时河水会上凸，而枯水期河面会下凹？

原因在于，河水中间的水流速度总是比岸边的快：河水与河岸的摩擦减慢了水流速度。春汛时，河水从上游流下，而且河水中部水量的增加速度要比岸边的快，因为中部的水流速度快。可想而知，既然中部水量增加的速度快，河水的中部自然会凸起。另一方面，枯水期时，水量会减少：因为河水中部的水流速度比岸边的快，水量减少得也多，所以河面就会下凹。

3.27 液体会向上压！

液体会产生向下的作用力，会对容器的底部、侧面、内壁产生压力，关于这一点，即使没有学过物理的人也知道。但是，许多人从未想过，液体也会产生向上的作用力。煤油灯的玻璃管将帮助我们确定，这样的压力的确存在。用硬纸板剪一个小圆片，圆片的大小要正好盖住玻璃管的管口。把小圆片贴在玻璃管的一端，将其浸入水中。为了使圆片在浸入的时候不会掉落，可以用一根穿过圆片中心的细线拉住，或者用手指按住。当把玻璃管浸入一定程度时，你会发现，即使不用手指压住或者用细线拉住，圆片自己就能紧贴在玻璃管上，——水对圆片产生了向上的作用力。

你甚至能够测量这一作用力的大小。慢慢地将水倒入玻璃管：一旦玻璃管内的水位与管外容器的水位持平，圆片就会掉落（图50）。这说明，水对圆片向上的作用力等于水柱对它向下的作用力，而这段水柱的高度正好等于圆片浸入水中的深度。这就是液体对浸入其中的物体会产生多大的压力。此外，因为这一点，物体在液体中重量会"丢失"，这就是著名的阿基米德定律。

图 50

如果你有几根不同形状但管口大小相同的玻璃管，你还可以检验另一个有关液体的物理定律，这就是液体对容器底部的压力，只取决于容器的底面积和液面的高度，而与容器的形状无关。用不同的玻璃管进行上述实验，使它们浸入水中的深度相同（为此，应事先在玻璃管上分别

贴上纸条，纸条的高度相同）。你会发现
每次纸片掉落时管内的水位都相同（图
51）。这说明，如果水柱的成分和高度相
同，不同形状的水柱产生的压力相同。要
注意，在这个实验中，重要的是高度，而
不是长度，因为倾斜的长水柱与高度相同
的垂直短水柱，两者对底部产生的压力相
同（底面积相同的情况下）。

图 51

3.28 哪边更重？

如果在天平的一端放一个装满了水的木桶，在另一端也放一个同样
大小、也装满水的木桶，只是这边的木桶里还漂着一块木头。天平会往
哪边倾斜？

我问过很多人这个问题，他们的回答并不一致。有些人认为，有木
头的水桶更重，因为"水桶里除了水，还有木头呢"。另一些人认为没有
木头的水桶更重，因为"水比木头重"。

两个答案都不对：水桶一样重。确实，第二个水桶里的水比第一
个水桶里的水少，因为木块挤出了一部分水。但是根据浮力定律，物体

排开的液体重量正好等于这个物体的重量。这就是为什么两边的重量会相等。

现在来解决另一个问题。在天平的一端放一个装了水的玻璃杯，旁边放着砝码，在另一端放上砝码使天平平衡。这时把砝码放进玻璃杯，天平会发生什么变化？

根据阿基米德定律，砝码在水中的重量会变轻。似乎可以设想，砝码放入水中后，天平有玻璃杯的一端会翘起。但事实上，天平仍然平衡。这是为什么？

砝码放入水杯后水面会上升，水对容器底部的压力就会变大，结果容器底部增加的作用力刚好等于砝码丢失的重力。

3.29 竹篮打水

竹篮打水并非只存在于童话之中。物理学知识能够帮助我们实现看起来不可能的事情。为此，我们需要准备一个直径15厘米的筛子，筛眼不要太大（1毫米左右）。把筛子浸入融化的石蜡之中，然后拿出来：筛面覆上了一层薄薄的，几乎看不出来的石蜡。

筛子还是筛子——上面仍然有能够使大头针自由通过的小孔——但是，现在你会发现，筛子的的确确能够打水了。这样的筛子能够支撑住相当多分量的水，而不使水从筛眼中漏下。唯一需要注意的是，倒水的时候应当小心谨慎，并且避免筛子受到碰撞。

为什么水不会漏下去？因为当水使石蜡变得湿润时，会在筛眼表面形成一层向下凸的薄膜，正是这层薄膜撑住了水（图52）。

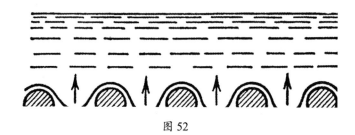

图 52

还可以把浸过石蜡的筛子放入水中，筛子就会浮在水面。也就是说，不仅可以用筛子打水，还能让筛子浮在水上。

这个不可思议的实验可以解释生活中的许多现象，只不过我们对这些现象太习以为常，以至于很少去思考它们的原因。将水桶和船体涂上树脂，将软木塞和木栓涂上油脂，涂抹润滑油，总之是用油性物质涂抹物体使其具有不透水性的行为，以及将纺织品浸胶——所有这些行为都跟刚才对筛子进行的处理具有相同性质。它们的本质都是一样的，只不过用筛子打水看起来有些不同寻常罢了。

3.30 肥皂泡

你会吹肥皂泡吗？这可不像你以为的那样简单。我觉得这里没什么技巧可言。通过实践，我发现，要想把肥皂泡吹得又大又好看，这是一门熟能生巧的手艺。

但是，吹肥皂泡这么微不足道的事，值得去做吗？

学生们并不喜欢这件事，至少，在谈话中这并不是个非常高妙的拉近彼此距离的话题。但物体学家的看法完全不同。英国伟大的科学家开尔文[①]曾经写道："吹一个肥皂泡，然后观察它。你可以穷尽一生去研究它。你会不断地从中学到新的物理知识。"

确实，肥皂泡薄薄的表面上奇妙的色彩帮助物理学家们测量出光波的长度，对薄膜表面张力的研究则帮助他们研究微粒之间的相互作用力——没有这些使微粒联结在一起的相互作用力，这个世界上除了灰尘就不会有其他的物质存在了。

下面要介绍的实验并非要解决什么严肃的问题，只不过是一些有趣的方法，这些方法能够帮助我们更好地了解吹肥皂泡这门艺术。英国的

---

① 开尔文（*William Thomson*，*1st Baron Kelvin*，1824—1907），英国数学物理学家、工程师。是热力学温标（绝对温标）的发明人，被称为热力学之父。——编者注

物理学家波易斯^①在名为《肥皂泡》的书里详细地描述了与肥皂泡有关的各种实验。如果有兴趣的话,你可以自己再仔细阅读这本有趣的书,这里我们只介绍其中的一些简单实验。

吹肥皂泡的话,用普通的黄色洗衣皂^②搓出的水就能吹。不过,我们并不推荐所谓的合成皂,纯的橄榄皂或者杏仁皂更合适,用它们能够吹出又大又好看的泡泡来。把一块那样的肥皂小心地放在干净的凉水中溶解,直到得到足够浓的肥皂水。最好是用雨水或者雪水来溶解,如果没有的话,用煮开的或者冰冻过的水也可以。为了使肥皂泡支撑得更久,柏拉图建议在肥皂水里加入(溶液体积的)1/3 的甘油。用勺子将溶液表面的结起薄膜和泡沫弄去,然后把一根细长的陶管放入溶液(陶管的里外要事先抹上肥皂液)。用大约 10 厘米长的稻草秆也能吹出好看的肥皂泡,但要把稻秆的底部剪开成十字形。

要这样吹肥皂泡:把陶管垂直插入肥皂溶液,使管子的周围形成一圈薄膜,然后小心地吹气。这时,肥皂泡里会充满从我们肺部吹出的温暖空气,它比周围房间的空气要轻,所以肥皂泡就会向上隆起。

如果马上就能吹出直径大约 10 厘米的泡泡,说明肥皂溶液正好;否

① 查尔斯·弗农·波易斯爵士(*Sir Charles Vernon Boys*,1855—1944),英国物理学家,英国皇家学会会员。——编者注
② 香皂对于这个实验不是非常合适。——作者注

则，就要再往溶液里加入肥皂，直到能吹出那样的肥皂泡，不过失败的可能性是很小的。吹起泡泡以后，把手指放到溶液里沾湿，然后试试把肥皂泡戳破。如果肥皂泡不会被戳破，就可以进行下面的实验了；如果肥皂泡破了，那就要再加一点肥皂了。

实验需要小心、缓慢地进行。实验时光线要尽量充足明亮，否则肥皂泡就无法变化出彩虹的颜色了。

下面就是一些有关肥皂泡的趣味实验。

罩着花的肥皂泡（图53A）。往盘子或者托盘上倒一点肥皂溶液，溶液要把盘底完全覆盖住，并且有大约2～3毫米的高度。在盘子中间放一朵或者一盆小花，用玻璃漏斗罩住，然后慢慢地把漏斗拿起来，对着漏嘴吹气，——就会吹出肥皂泡。等肥皂泡被吹得足够大，如图53B那样把漏斗倾斜过来，慢慢地把它和肥皂泡分开。这时花就会被用肥皂膜做成的圆形透明罩罩住，它的表面不断地变幻着彩虹的颜色。

一个套着一个的肥皂泡（图53C）。用上面的玻璃漏斗吹一个大的肥皂泡。然后把稻草秆完全浸入肥皂溶液，只要在末端留一小段干的用来吹气就可以了。把稻草秆穿过第一层肥皂泡的薄膜插入溶液中央，接着小心地把稻草秆往回抽，不过不要从肥皂泡里抽出来，然后来吹第二层肥皂泡，第二个肥皂泡就被套在了第一个肥皂泡里面，再往里面吹就是第三个，第四个，等等。

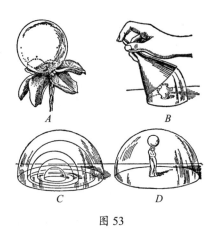

图 53

做肥皂泡圆筒（图 54）需要使用两个铁环。吹一个普通的球形肥皂泡放在下面的铁环上，再在上面放一个打湿过的铁环，然后往上拉铁环，把肥皂泡拉成圆柱形（图 54 左）。有趣的是，如果铁环被拉起的高度比铁环的周长还长，肥皂泡圆柱的一半就会收缩，另一半会胀大，最后变成两个肥皂泡。

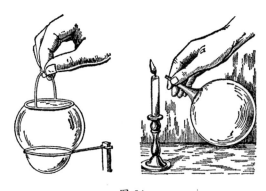

图 54

肥皂泡的表面薄膜总是处于被拉紧的状态，并且泡内的空气产生压力。如果把肥皂沫靠近烛苗，你就会发现这层薄膜的力量并非微弱得不值一提，因为烛苗会明显地往一边倾斜（图54右）。

观察肥皂泡的话，你会发现有趣的事：当把肥皂泡从一个温暖的屋子拿到寒冷的地方，肥皂泡的体积好像变小了；相反，如果把它从寒冷的屋子拿到温暖的屋子，它就会膨胀。其中的原因当然是泡内空气的收缩和膨胀。比如，如果在 -15℃时肥皂泡的体积为 1000 立方厘米，这时把肥皂泡拿到温度为 15℃的地方，那肥皂泡的体积就会增大大约

$$1000 \times 30 \times \frac{1}{273} \approx 110 \text{ 立方厘米。}$$

值得一提的是，通常认为的肥皂泡无法长时间存在的观点并非完全正确：在一定的条件下，肥皂泡能够存在整整 10 天。英国的著名科学家杜瓦（因关于空气液化的理论而闻名）将肥皂泡保存在一些特制的瓶子内，瓶子能够防尘、防干燥、防止空气的震动。在这种条件下，其中的一些肥皂泡保存了一个月甚至更长时间。美国的劳伦斯则把肥皂泡放在玻璃罩内保存了好几年。

3.31　改良的漏斗

用漏斗将液体灌入过瓶子的人一定知道，在灌入液体的时候，必须

时不时地把漏斗拿起来一下。瓶子的空气如果无法流出，就会对漏斗内的液体产生压力使其无法灌入。液体流入瓶内后，瓶内的空气被受到液体的压力而收缩，但是，当空气被压缩到一定的程度，它就会产生很大的压力，这样的压力足以将液体堵在漏斗内。所以，我们需要把漏斗稍稍拿起，让瓶内被压缩的空气流到瓶外，漏斗内的液体就会继续往下流。

根据这样道理，我们应该制作这样的漏斗：漏斗下面管状部分的外面有纵向的突起——它们的作用就是避免漏斗完全贴紧瓶口。但是，我没有在日常生活中看到有人使用这样的漏斗，我只在实验室里见过类似构造的过滤器。

3.32　翻转后杯内的水有多重？

"当然是什么重量也没有，因为那样的话水早就都倒出来了，"你可能会这样说。

我就要问了："如果水没有倒出来呢？那会怎么样？"

事实上，的确可以把水杯翻转过来而不让水倒出来。如图55画的那样就可以。翻转的玻璃高脚杯被吊在天平的一端，高脚杯内盛满了水，但是水不会流出来，因为杯口被浸入了装满水的容器之内。天平的另一端挂着一个一模一样的空酒杯。

天平的哪边更重?

吊着装了水的高脚杯那一端更重。因为杯子的上部受到空气的压力,但是下部的气压被杯内水的重量减弱了。要想使天平平衡,必须把另一端的高脚杯也灌满水。这时你会发现,杯子倒过来后杯内水的重量跟正放时的重量一模一样。

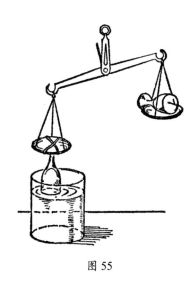

图 55

3.33 房间内的空气有多重?

你能够,或者至少是大概地说出,一间并不太大的房间内的空气有多重吗?多少克或者多少千克?你能把这么重的物体用一个手指举起来,还是只能勉强用肩膀扛起来？

现在大概不会再有人像从前那样，认为空气没有重量了。不过大部分人还是不能具体地说出空气到底有多重。

记住，1 公升夏天近地面（不是山上）的热空气重 $1\frac{1}{5}$ 克。1 立方米等于1000升，所以，1 立方米空气等于1000倍的 $1\frac{1}{5}$ 克，也就是 $1\frac{1}{5}$ 千克。

现在你就不难计算房间里空气的重量了。只要知道房间有多少立方米就能算出。如果房间的面积是 15 平方米，高 3 米，那么空气的体积就是 15×3=45 平方米。空气的重量就是 45 千克再加上 45 的 $\frac{1}{5}$，也就是 9 千克，结果，空气的重量为 54 千克。这样的重量一根手指当然举不起来，即使用肩膀扛也是件难事。

3.34 不听话的瓶塞

这个实验将告诉你，空气压缩后会产生作用力，而且是非常大的作用力。

实验只需要一个普通的玻璃瓶和一个瓶塞，瓶塞要比玻璃瓶的瓶口稍微小一点。

将玻璃瓶垂直竖放，把瓶塞放入瓶口，再找个人让他把瓶塞吹进瓶子内。

这件事看起来非常容易，但是你试试用力吹气，你会看到意想不到的结果。瓶塞不仅不会被吹进去，反而……会向你倒飞过来。

你吹得越用力，瓶塞倒飞得越快。

要想让瓶塞掉进瓶子，你恰恰要反过来做。不是向瓶塞吹气，而是对着瓶塞往里吸气。

这个奇怪的现象要这样解释：当你往瓶口吹气的时候，空气通过瓶塞与瓶口内壁之间的空隙进入瓶子。结果瓶内的气压增加，空气将瓶塞挤了出来。相反，当你吸气的时候，瓶内的空气变得稀薄了，瓶塞就会将压强较大的外部空气压了进去。这个实验只有当瓶口完全干燥的时候才能成功，否则，湿的瓶塞就会因为与瓶口内壁发生摩擦而被堵住。

3.35　儿童气球的命运

把孩子们玩的气球从手里松开，气球就会飞走。它们飞到哪儿去了呢？它们能飞多高呢？

从手里飞走的气球不会一直飞到大气层外面，它只能飞到自己的"极限"。在那个高度，由于大气稀薄，气球的重量等于被它挤开的空气重量。但是气球并不是总能达到这个"极限"，因为气球在上升的时候会不断膨胀（由于外部气压减小），结果还没有到达"极限"，气球就被内部的气压撑破了。

3.36 车轮

汽车的车轮向右滚动，轮辋则按顺时针方向转动。现在的问题是，轮胎内的空气会往哪个方向移动呢？与车轮的方向相反还是与车轮同一方向？

车轮受到挤压部位的空气会向两个方向移动——向前以及向后。

3.37 铁轨间为何要留接头缝？

铁轨接头处总是会留有一定的空隙，也就是接头缝。这样做有特别的用意。如果铁轨之间没有空隙，而是紧紧地连接在一起，铁路就无法使用了。原因在于，任何物体受热后都会向各个方向膨胀开来。夏天时，铁轨由于日晒会变长。如果铁轨之间没有伸长的空间，铁轨就会相互挤压发生变形，固定铁轨的道钉会脱落，进而影响道路的通行。

接头缝的设计要考虑冬天的情况。冬天的时候，铁轨因为寒冷的天气而收缩，铁轨之间的空隙会变大，所以接头缝的距离要根据当地的气候仔细计算。

将烧热的铁轮毂紧套在货车轮辋上的方法就是利用物体受冷收缩的性质。铁毂冷却后会变小，这样它就紧紧地套在了轮辋外面。

3.38　喝茶和喝克瓦斯[①]用的杯子

你大概已经发现，用来喝冷饮的杯子的杯底通常都很厚。其中的原因可想而知：那样的杯子更稳，不容易翻倒。那为什么不用同样的杯子喝茶呢？如果杯子不容易翻倒，用来喝茶不也挺好的吗？

不用厚底杯子喝热饮是因为，杯子内壁受热后会比杯底膨胀得更厉害。那样的杯子用来喝茶是不行的，因为它会破裂。容器越薄，杯壁和杯底的厚度相差越小，容器受热后膨胀的程度就越均匀，容器也就越不容易破裂。

3.39　茶壶盖上的小洞

金属茶壶的壶盖上都有一个小洞。它是做什么用的呢？为了使蒸汽流出去，否则蒸汽就会把壶盖顶起来。但是，壶盖受热后会向各个方向

①　克瓦斯，用面包、水果等发酵而成的一种饮料，在俄罗斯民间非常流行，俄语为 квас。——译者注

膨胀。这时小洞会发生什么变化呢？它会变小还是变大呢？

壶盖受热后小洞会变大。总的来说，物体上的小孔或者小洞就像是用这个物体的材料做成的一个圆片，它们受热后体积也会膨胀。顺便提一下，根据这个原理，容器受热后的容积会变大，而不是像很多人想的那样会变小。

3.40　烟

为什么没有风的时候烟囱里的烟会往上冒呢？

烟往上冒的原因是，烟囱内的空气受热后膨胀，并且变得比烟囱周围的空气更轻，于是热空气就会把烟推向上方。等支持烟尘的空气冷却下来，烟就向下落到地面。

3.41　不会燃烧的纸

可以做一个实验，让烛苗上的纸条不会燃烧起来。

实验的时候，要用细窄的纸条把铁块包起来，就像缠绷带一样。把那样的铁块放在蜡烛上，纸条就不会被点燃。火苗舔着纸条，将纸条熏黑，却不会将它烧着，除非铁块被烧得炽热。

为什么纸条不会被点燃？因为跟所有的金属一样，铁块具有很好的导热性：它能够将纸条从烛苗那里得到的热量吸走。如果用木条代替铁块，纸条就会烧起来，因为木头的导热性很差。用铜条的话实验就会非常容易成功。

把细线缠在钥匙上，实验就变成了不会燃烧的绳子。

3.42　冬天怎么封堵窗框？

封堵得好的窗框能够保持室内的热量。但是，要想正确封堵窗户，首先要清楚，为什么窗户封堵之后能够使房间"烧热"。

许多人认为，需要封堵窗户是因为两层窗框要比一层好，这是错误的。原因不在于窗框的数量，而是被封堵在室内的空气。

空气的导热性很差。所以，为了不让空气逃走并且把热量带走，要把空气严实地封堵在室内，这样房间就不会变冷。

也有人认为封堵的时候要给窗户的上方留一点空隙，这也是错误的。如果那样的话，房间里的空气就会受到外部冷空气的挤压，房间就会变冷。我们应该把两扇窗户完全压紧，不留一丝缝隙。

如果没有密封条，可以用厚纸条代替。只有封堵严密的窗户才能节省煤炭。

3.43 为什么关好的窗户会漏风?

冷天的时候，封堵严密、没有一丝空隙的窗户还是常常漏风，这让我们觉得困惑。事实上，这没什么奇怪的。

室内的空气没有一刻处于静止状态：房间里总是存在着我们肉眼看不到的气流，这是由于空气的受热和冷却产生的。空气受热后膨胀，并因此变轻；相反，空气冷却后会收缩变重。台灯、壁炉周围的空气受热变轻后被冷空气挤向天花板，同时窗户或者冰冷的墙壁周围的空气受冷收缩后流向地面。

借助孩子玩的气球就能清楚地看到房间内的气流运动。在气球上挂一个重物，使气球不会往天花板上飞，而是自由地悬浮在空中。把气球放在烧热的炉子旁边，气球就会受到看不见的气流的作用力，在房间里穿行：从炉子飞到窗户附近的天花板，再降到地板重新回到炉子旁边，接着又往天花板飞去。

这就是为什么在冬天的时候，虽然窗户被关得严严实实，外面的空气也不可能通过缝隙进来，我们仍然感到窗户漏风，尤其是接近地面的地方。

3.44　怎样用冰块冷却？

当你想用冰块冷却克瓦斯的时候，要怎么放置罐子呢？放在冰块上面还是冰块下面？

很多人想都不想就把罐子放在冰块上面，就像把煮汤的瓦罐放在火上一样。那样是不行的。加热的时候确实要从下往上，但是冷却的时候就要反过来从上往下了。

想一想为什么从上往下要比从下往上冷却的效果更好。你已经知道，温度低的物体比温度高的物体密度大，所以冰冻过的饮料要比常温的饮料稠密。当把冰放在装着克瓦斯的罐子上面时，上层的克瓦斯（靠近冰块的部分）被冷却后密度变大，就会流到下层；而上层的地方又会被别的、常温的那部分克瓦斯占据，这些克瓦斯被冷却后又流到下面。在很短的时间内，罐子里面所有的克瓦斯都靠近过冰块并被冷却。相反，如果你不是把饮料放在冰块的下面，而是冰块的上面，那首先被冷却的就是下层的克瓦斯。这部分克瓦斯被冷却后就会留在底层，不会把地方让给还没冷却的那部分。在这种情况下液体不会发生任何流动，结果冷却的速度就慢了。

并非只有饮料需要放在下面冷却：肉、蔬菜、鱼类也要放在冰块下面冷却，而不是上面。因为与其说它们是被冰块冷却，不如说是被冷空气冷却，而冷空气会向下，而不是向上运动。如果你要给一个很大的屋子降温，那么不要把冰块放在凳子上，而要放高一点，放在书架或者挂在天花板上。

3.45　水蒸气的颜色

你看见过水蒸气吗？你能说出它是什么颜色的吗？

严格意义上的水蒸气是完全透明，没有颜色的。它是看不见的，就像空气是看不见的一样。被叫做"蒸汽"的白色水雾其实是非常微小的水滴聚合后的结果，它是雾化的水，而不是水蒸气。

3.46　水壶为什么会"唱歌"？

为什么水在沸腾前，水壶会发出唱歌的声音？直接贴近壶底的水转化为水蒸气，在水里形成小气泡。由于气泡很轻，它们会被周围的水往上挤。气泡就会碰到温度在100度以下的水。气泡里的蒸汽冷却后收缩，气泡薄膜因为受到周围水的挤压而破裂。所以，水沸腾之前，越来越多的气泡会往上涌，但它们无法到达水面，而是在中途就爆破，随即发出轻微的噼啪声。这就是为什么开水在沸腾之前我们会听到噼噼啪啪的爆破声和吵闹声。

当茶壶里的水温达到沸点时，气泡就不再产生，"歌声"也就停止了。然而，一旦茶壶里的水开始冷却，噼啪声就又有可能产生——"歌声"也会重现。

这就是为什么只有在沸腾前或者冷却的时候茶壶才会"唱歌"。沸腾时的茶壶是不会发出这样的歌唱声的。

3.47　神秘风轮

用薄卷烟纸剪一个正方形。把正方形按两条对角线分别对折再展开，你就能找到正方形的重心。把这张正方形的纸放在竖放的细针上，使针头刚好对准它的重心。

纸会处于平衡状态，因为它的重心位置受到向上的支持力。不过，一丝丝的风就会使它在针头上旋转起来。

这个装置现在还没有什么神秘的地方。但是，你如图56那样将手靠近它，注意要慢慢地靠近，以免纸被气流碰到。这时，你会看到奇怪的现象：纸开始旋转，开始时转得很慢，然后越来越快。把手拿开——旋转停止；把手靠近——开始旋转。

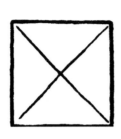

图 56

这样神秘的转动曾经一时——19 世纪 70 年代的人们以为，人体具有某种超自然能力。神秘主义者在这个实验中找到了支持自己学说的证据，他们认为人体能够释放出一种神秘的力量。事实上，其中没有任何神秘之处，原因非常简单：下方的空气接受到手的温度，向上流动，碰到卷烟纸后促使它转动起来，——这就好像我们曾经做过的灯上面"纸蛇"实验，——卷纸会旋转，那是因为对折之后的卷纸会略微向下倾斜。

如果认真观察，还会发现卷纸是按照一定的方向旋转的——从手腕向手指的方向。这是因为手上各个部位的温度不一样：指尖总是要比手掌凉一点，所以靠近手掌的地方会形成更多向上的气流，从而对卷纸施加更大的作用力，而手指附近的热气流就要少一些，作用力也会小一些。

3.48　毛皮大衣能保暖吗?

如果有人告诉你,毛皮大衣一点也不保暖,你会怎么回答呢? 如果有人做了一堆实验向你证明这一点,你又会怎么样呢? 做一个下面这样的实验看看吧。

拿一支温度计,记住上面的读数,然后把温度计裹在毛皮大衣里。过几个小时后把它拿出来。你会看到,温度计连 $\frac{1}{4}$ 度都没上升,原来是几度,现在还是几度。这就说明,毛皮大衣不能保暖。你可能还会怀疑,毛衣大衣甚至变凉了。找两个冰袋,一个裹在大衣里,一个放在敞开的房间里。等房间里的冰袋完全融化时,把大衣的冰袋拿出来,你会发现冰甚至没有开始融化的痕迹。这说明,大衣不仅不会使冰块升温,甚至还起到了冰冻的作用,因为它减慢了融化的速度!……

有什么办法来反驳呢? 怎么推翻这些论据呢?

没有办法。如果保暖意味着传递热量,那毛皮大衣的确不能保暖。台灯能传递热量,炉子能传递热量,人体能传递热量,所有这些都能散发热量。但是毛皮大衣不能传递一丝热量。它不能够散发热量,只能妨碍我们身体热量的散发。这就是为什么会散发热量的恒温动物穿着毛皮大衣时会比不穿感觉暖和。而温度计自身无法散发热量,所以把它裹在毛皮大衣里，它的温度不会有所改变。裹在毛皮大衣里的冰袋能够更持久地保持自身的低温，这是因为大衣的导热性极差，它阻碍了室内空气向里传递热量。

在这个意义上，积雪就好像毛皮大衣，能够起到给大地保暖的作用。跟所有粉粒状的物体一样，雪的导热性较差，覆盖在地面上以后，它会阻碍土壤的热量丧失。插入被积雪覆盖的土壤中的温度计和插在裸露土壤中的温度计相比，前者的读数往往要比后者高出 10 度左右。农民们都十分了解积雪的这一保暖作用。

所以，对于毛皮大衣能不能保暖这个问题，要回答：毛皮大衣只能够帮助我们自己使自己暖和起来。准确地说，其实是我们使大衣变热，而不是大衣使我们变热。

3.49　冬天怎么给房间通风？

冬天给房间通风最好的一个办法是：当壁炉在烧火的时候，把通风窗打开。寒冷新鲜的户外空间会把室内较轻的暖空气挤入壁炉，室内空气就会通过烟囱管被排到户外。

不要以为，即使通风窗关闭也会发生同样的事，因为那样的话室外的空气就会通过墙壁的缝隙进入房间。确实，冷空气会渗入房间，但它的量不足以维持壁炉的燃烧。所以，除了街道上的空气，通过地板缝隙或者房间间隙进入室内的还有别的空气，而这些空气既不干净也不新鲜。

3.50 通风窗应该安在哪里？

通风窗应该安在哪里？窗户的上面还是窗户的下面？有一些住宅的通风窗是安在下面的。当然，这样会很方便，因为开窗关窗就不用搬凳子了。但是，下面的通风窗很难起到应有的作用——给房间通风的作用。究竟为什么室内外的空气能够通过通风窗替换呢？因为室外的空气比室内空气冷，结果，更重的室外空气就会把室内空气挤走。但是，冷空气只能占据室内低于通风口的那部分空间。而通风口以上的室内空气不会参与替换——它不会被通风。

3.51 玻璃灯罩有什么作用？

很少有人知道，玻璃灯罩是经过很长的一段时间才变成现在这个样子的。几千年以来，人们直接利用火焰照明，而不使用玻璃罩。多亏天才的达·芬奇实现了这一重要的完善。但是达·芬奇并不是用玻璃管，而是用金属管罩在火焰外面的。3 个世纪以后，人们才想到把金属管换成透明的玻璃罩。正如你所看到的那样，玻璃灯罩是一个几十代人共同完成的发明创造。

那它到底有什么作用呢？

恐怕不是所有人都知道怎么回答这个再自然不过的问题。

挡风——这是次要的。

主要的作用是增加火焰的亮度，加快燃烧的速度。玻璃灯罩的作用和煤炉或者工厂使用的烟囱一样，它能够加快通向火焰的气流，加强"抽力"。

我们来好好弄清楚这一点。玻璃灯罩内的空气柱与灯泡外的空气相比，前者被火焰加热的速度要比后者快得多。受热后的空气变轻了，而更重的冷空气从灯泡下方的小孔进入，就把热空气挤到上面。玻璃灯罩越高，热空气和冷空气的重量差就越大，新鲜空气流动的速度就越快，结果，燃烧的速度也会变快。这跟工厂里使用的烟囱是一个道理，所以那些烟囱总是非常非常高。

有趣的是，达·芬奇非常清楚地知道这一点。

在他的笔记里这样写道："哪里有火焰，火焰的周围就会形成气流：气流维持并加快火焰的燃烧。"

3.52 为什么火焰不会自己熄灭？

如果仔细想象一下火焰燃烧的过程，就不自觉地产生这样的疑惑：为什么火焰不会自己熄灭呢？要知道燃烧会产生二氧化碳和水蒸气——而它们是不易燃的，不能够维持燃烧。结果，火焰一旦燃烧起来，就会被不易燃的物质所包围，这些物质会影响空气的流动。没有空气，燃烧就不会继续，火焰就应该熄灭才对。

为什么没有发生这样的事呢？为什么只要有可燃物质，燃烧就能够持续呢？就因为气体受热后会膨胀变轻，结果，燃烧产生的气体就不会待在原地，待在火焰的周围，它会逐渐地被干净的空气挤走。如果阿基米德定理不适用于气体（或者如果没有重力），任何火焰烧一会儿就会自动熄灭。

很容易证明，燃烧产生的物质会对火焰产生负面的作用。你可能没意识到，你其实经常利用这一点来熄灭火苗。你是怎么吹灭煤油灯的？从上往下吹，也就是把燃烧产生的不易燃气体往下吹，吹向火苗；火苗得不到新鲜的空气就会熄灭。

3.53 为什么水能浇灭火焰？

这是个再简单不过的问题，但未必所有人都能够回答正确。

我相信，如果我们只是非常简短地解释一下水对火焰产生的影响，读者是不会抱怨我们的。

首先，接近燃烧的物体之后，水会变成水蒸气，这一过程会将大量热量从燃烧的物体那里带走。要把沸腾的开水变成水蒸气，需要比将同样体积的冰水加热到100℃多4倍的热量。

其次，这一过程中，水转化成水蒸气后，体积会增加几百倍。水蒸气围绕在燃烧的物体周围，挤走了空气，而没有空气就无法燃烧。

为了使水更好地浇灭火焰，有时候会在水里添加……火药！这看起来非常奇怪，但完全合理：火药迅速燃烧，产生大量的不易燃气体，这些气体围绕在燃烧的物体周围，阻碍了燃烧。

3.54 用冰加热和用开水加热

能用一块冰给另一块冰加热吗？能用一块冰给另一块冰制冷吗？能用一份开水给另一份开水加热吗？如果冰的温度很低，比如说 –20℃，那么让它接触另一块温度较高的冰，比如 −5℃的冰，那另一块冰就会被加热（温度变得不那么低），而第二块冰会变冷。

所以，用冰块给冰块加热和制冷都是可能的。

但是用开水给开水（气压相同的情况下）加热就不行了，因为一定气压下的沸点是不变的。

3.55 能用开水将水烧开吗?

找一个不大的瓶子（小玻璃瓶），倒上水，然后把它放在装了水的锅里（火要打开），注意小玻璃瓶不能接触锅底。当然，你必须把小玻璃瓶用绳套上。当锅里的水开始沸腾的时候，似乎小玻璃瓶里的水也要沸腾了。但是，无论你等多久，你都等不到那个时候：瓶里的水会变烫，很烫很烫，但是不会沸腾。锅里开水的温度不足以使瓶里的水沸腾。

这个结果看起来出人意料，但是你早就应该想到。要想使水沸腾，不仅要把它加热到100℃，还必须使它有足够的热能储备。纯净水在100℃时会沸腾，通常气压下，不管怎么加热，水的温度都不会超过这个界点。这意味着，我们用来加热瓶里的水的热源温度有100℃，它能够将瓶里的水加热到100℃。但是，达到这个温度之后，锅里的水就不能再向瓶里的水传递热量了。所以，用这种方法给瓶里的水加热，我们无法提供多余的使水转化为水蒸气的热能储备（要想使 1 克 100℃的水转化为水蒸气，还需要超过 500 卡路里[①]的热量）。这就是为什么玻璃瓶里的水虽然会被加热，但不会沸腾的原因。

可能还有这样的问题：瓶里的水和锅里的水有什么区别？毕竟瓶里的水和锅里的水只是被玻璃隔开了而已，可为什么瓶里的水就不会沸腾呢？

因为玻璃隔板会阻碍瓶里的水参与发生在锅里的整个水流运动。锅里的任何一滴水都有机会直接碰到锅底，而瓶里的水只能够与沸水接触。

所以，用纯净的沸水不能使水沸腾。但是，如果往锅里撒点盐，情况就不一样了。盐水的沸点不是 100℃，而要稍微高一点，结果就能够使瓶里的水沸腾起来。

3.56 能用雪将水烧开吗？

"既然沸水无法达到这个目的，那用雪呢！"有些读者会这样问。不要急于回答，最好先做个实验，用我们使用过的小玻璃瓶就行。

往小玻璃瓶里倒半杯水，再把它放在沸腾的盐水中。当瓶里的水开

---

① 卡路里：热量单位。1 卡路里相当于使 1 克水温度升高 1℃需要的热量。——作者注

始沸腾时，把它从锅里拿出来，迅速地用事先准备好的瓶塞塞紧。现在把瓶子倒过来，等瓶里的水不再沸腾，把开水浇在瓶子上——水不会沸腾。但是，如果在瓶子的底部稍微放一点雪，或者只是用冷水浇上去，就像图57画的那样；你会发现，水开始沸腾了……

图 57

雪能做到沸水做不到的事！

更神奇的是，瓶子摸上去并不是很烫，只是稍微有点温。但你已经亲眼看到，瓶子的水在沸腾。

谜底在于，雪使玻璃瓶的温度降低了，结果，瓶内的水蒸气凝结成水滴。由于瓶内空气在水第一次沸腾时已经被排出瓶外，现在瓶里的水受到的气压就会变低。众所周知，气压变低，液体的沸点也会变低。结果，虽然瓶内的水沸腾了，但那不是热水。

　　如果玻璃瓶的瓶身很薄，那么水蒸气的突然凝结可能引起类似爆炸的结果。因为如果瓶内的气压不足以抵抗瓶外的气压，外界气压的作用就可能压碎瓶子（你可能已经发现，"爆炸"这个词在这里并不合适）。所以最好用圆形的玻璃瓶（底部突出的烧瓶）做实验，那样气压就会作用在拱形上。

　　最危险的是用装煤油、润滑油之类的白铁罐做实验。用它装一点水，使水沸腾后用瓶塞塞紧，再用凉水浇上去。在外界气压的作用下，充满蒸汽的白铁罐会立即被压得扁平，因为罐内的水蒸气遇冷变成了水滴（图58）。

图 58

白铁罐会被气压压得皱巴巴，就好像被沉重的榔头敲过了一样。

3.57　手里的热鸡蛋

为什么从沸水中拿出来的鸡蛋不会把手烫伤？虽然从沸水中拿出来的鸡蛋又湿又烫，但是从鸡蛋表面蒸发的水起到了给蛋壳降温的作用，所以手不会感觉炽热。这个过程只发生在最初的时候，一旦鸡蛋变干，你就能感觉到鸡蛋的高温了。

3.58　熨斗除油渍

为什么熨斗能够去除纺织物上的油渍？

用加温的方法去除衣物油渍的原理是：温度越高，液体的表面张力越小。"所以，如果油渍各个部分的温度不同，油渍就会从温度高的地方向温度低的地方转移。如果我们在布的一端放一块烧热的铁块，另一端放一块棉布，油渍就会跑到棉布上去"（麦克斯韦《热理论》）。所以，吸收油渍的材料应该放在与熨斗相反的方向。

3.59 站得高，能看得多远？

站在平坦的地面上，我们只能看到有限的远方。这一视野范围被称为"地平线"。地平线远处的树木、房屋和高物，我们就无法看到它们的全貌，而只能看到它们的顶端了，凸起的地面遮挡了下面的部分。要知道，平坦的陆地和平静的海洋虽然看起来完全水平，事实上总有凸起的地方，它们形成了弯曲的地表。

一个中等身高的人站在平坦的地面上能看得多远？

他只能看到方圆 5 千米之内的东西。要想看得更远，就要站得更高。站在平原上的骑手能看到方圆 6 千米以内的地方。水手站在水平面以上 20 米的桅杆上，他能看到方圆 16 千米以内的海面。站在超出水平面 60 米的灯塔顶端，视线几乎能触及方圆 30 千米的海面。

当然，看得最远的是飞行员。如果没有云雾的干扰，在 1000 米的高度上，视野范围几乎达到方圆 120 千米。2000 米的高度上，借助好的望远镜，飞行员能看到方圆 160 千米的地方。在 10 千米的高度能看到方圆 380 千米。

乘坐平流层气球升到 22 千米高空的航空员，他的视野范围达到方圆 560 千米以内。

3.60 蝈蝈在哪里振振作响？

找一个同学，把他的眼睛蒙上，然后让他安静地坐在房间中间，不要转头。接着，拿两枚硬币，站在房间的不同地方用一枚硬币击打另一枚硬币，注意你所站的地方离开你同学的距离要固定。让他猜测一下敲击硬币的地方。他是无法猜到的：你在房间的这头敲击，他却指着房间里完全相反的另一头。

如果你始终站在一个方向上，那错误就没那么离谱了：现在，你同学那只距离你较近的耳朵听到的声音会响一些，这样就能判断出声音的来源了。

这个实验能说明为什么我们总是无法判断出草丛的蝈蝈在哪里振振作响。刺耳的声音从离你右边两三步的地方传来。你往那里一看，什么也没看到，声音却变到左边了。没等你把头转向左边，声音又跳到另一个地方了。蝈蝈的麻利让你又是惊叹又是困惑，你越迅速地转身去寻找振振作响的蝈蝈，那无形的声音跳跃得就越快。事实上，昆虫静静地待在原地呢，它的跳跃是听觉产生的幻觉。你所犯的错误是，当你转头的时候，你改变了头的位置，但却好像是蝈蝈跳开了。这种情况下（从刚才的试验你已经知道）很容易犯错：蝈蝈在你的前面作响，你却错误地认为它在相反的方向。

这说明，要想正确地找到蝈蝈的声音、杜鹃的歌唱和其他远处的声音，你就不应该把眼睛转向声音，而应该把眼睛侧到一边，让耳朵对着声音。其实，当我们"侧耳倾听"时，我们就是这样做的。

3.61 回声

当我们发出的声音碰到墙壁或者其他障碍物时，它会返回重新到达我们的耳朵，我们就听到了回声。要想清楚地听到回声，那声音的发出和返回之间的时间间隔就不能太短。否则，反射回来的声音会与最初的声音融合，加强第一个声音。在又大又空的房间里，声音就会"发出回声"。

想象你站在一个开阔的地方，距离你 33 米的前方有一间别墅。你拍打手掌。声音经过 33 米的路程，碰到别墅的墙壁，再返回。这个过程需要多少时间？因为声音需要向前跑 33 米，又返回经过相同的距离，一共就是 66 米，那么它返回需要经过 66 ∶ 330，也就是 $\frac{1}{5}$ 秒。如果第一个声音足够短，能够用少于 $\frac{1}{5}$ 秒的时间完成，那两个声音就不会重合——它们会先后被听到。每一个单音节的单词——"是"、"不"——我们大约需要 $\frac{1}{5}$ 秒完成发音；所以，如果我们站在距离障碍物 33 米的地方，我们就能听到单音节词的回声。如果是双音节词，在这个距离上两个声音会重合，回声会加强第一个声音，但会使它变得不清楚；我们无法听到先后两个声音。

要想清楚地听到双音节词的回声，比如"乌拉"、"哎呀"，需要距离障碍物多远呢？双音节词的发音时间大约需要 $\frac{2}{5}$ 秒。在这个时间内，声音需要到达障碍物后再返回，也就是人与障碍物距离的两倍。但是，在 $\frac{2}{5}$ 秒内，声音经过的距离为 $330 \times \frac{2}{5} = 132$ 米。

它的一半是 66 米，这也是能够产生回声时人与障碍物距离的最小值。

现在，你已经能够自己计算出，要听到三音节单词的回声，需要 100 米的距离。

3.62 音乐瓶

如果你有音乐听觉，你就不难用普通的玻璃瓶制作一个类似的摇滚乐乐器，并且用它弹奏一些简单的曲子了。

图 59 就是告诉你应该做什么、怎么做。把两根长杆水平架在椅子上，杆上再挂上 16 个装了水的玻璃瓶。第一个瓶子里的水差不多要倒满，后面瓶子里的水一个比一个少，最后一个瓶子里的水要非常少。

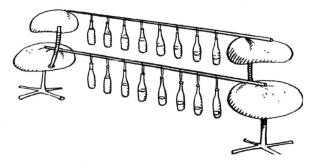

图 59

用干燥的木棒敲打这些瓶子，你就能够敲出不同音阶的音调。瓶子里的水越少，音调越高。所以，通过增加或者减少水量，你就能够得到想要的音调。

有了两个八度，你就能够用这个玻璃瓶乐器演奏一些简单的旋律了。

3.63 贝壳里的吵闹声

为什么把耳朵贴在茶壶或者大的贝壳上，会听到吵闹声？

那是因为，贝壳是一个共鸣器，它能够放大我们身边各种各样的吵闹声，而这些声音我们平时不会注意，因为它们太微弱了。混合后的声音就好像大海的波涛声，于是，围绕着贝壳里的声响，就产生了许许多多的传说故事。

3.64 透视手掌

把一张纸卷成筒状放在左手上，左眼透过纸筒望向远方。同时，将右手对着右眼，右手要几乎贴近纸筒。两只手距离眼睛的距离大概是15～20厘米。这时你会发现右眼透过手掌清晰地看到远方，就好像手掌上有一个圆洞（图60）。

图 60

这是为什么？

这一出人意料的现象是因为，你的左眼为了能够看到远处的物体，里面的晶状体进行了相应的调节。而眼睛的构造和工作总是相互协调的———一只眼睛这样，另一只眼睛也会那样。

实验中，右眼也调整成远视状态，所以，近在眼前的手掌反而看不清了。简单地说，左眼能清楚地看到远处的物体，但右眼看不清手掌。结果，你就以为，你透过自己的手掌看到了远处的物体。

3.65　望远镜

你站在海边，透过望远镜观察一艘正在驶向岸边的轮船。望远镜的放大倍数是 3 倍，船的速度会被放大多少倍呢？

为了解决这个问题，我们假设轮船在距离 600 米的地方，它驶向观察者的速度是每秒 5 米。用三倍的望远镜观察时，600 米的距离就好像是 200 米。一分钟以后，它靠近了 5×60=300 米，并且距离观察者 300 米；用望远镜观察，就好像轮船在距离 100 米的地方。这说明，对于观察者来说，轮船行驶了 200-100=100 米，事实上，它行驶了 300 米。这样就清楚了，轮船行驶的速度不是被放大了三倍，相反，它被缩小了三倍。

读者能够自己证明，用另一组数据——不同的初始距离，不同的行驶速度，不同的时间间隔——也会得到同样的结论。

所以，从望远镜中观察，轮船行驶速度缩小的倍数刚好是望远镜放大的倍数。

3.66　在前面还是在后面？

有一些生活常识并不是所有人都知道。我们已经指出过，有些人不会利用冰块进行冷却——他们把需要冷却的饮料放在冰块上面，而不是放在下面。事实上，即使是镜子，也不是所有人都会使用。常常有人为了能够清楚地看到镜子中的自己，而把灯放在自己后面，这样做是为了"照亮自己的影子"，而不是要照亮自己。

100个女人中有99个女人会那样做。毫无疑问，我们的女性读者就是那百里挑一的一个知道把灯放在自己前面的人。

3.67　在镜子前画画

镜子中的景象与原来的实物并不完全相同，通过下面的实验能够清楚地发现这一点。

在自己前面的桌子上垂直地竖一面镜子，在镜子前面放一张纸，试着在纸上画一个图形，比如带对角线的长方形。但是，画的时候不要直接看着自己的手，而是观察镜子里手的动作。

你会发现，看起来再简单不过的一件事变成了不可能完成的任务。

经过多年的时间，我们的视觉印象和运动感觉形成了一定的相互默契。而镜子却破坏了这种联系，手的运动在眼睛看来是变形了的。早就形成的习惯总是会反抗你的每一次运动：你想向右画线条，但手却往左动，等等。

如果不是画线条，而是在镜子前面画一些较难的图形或者看着镜子里的空行写字，你会觉得更加不可思议：写出来的简直是天书。

吸墨纸上面的字在镜子里也是对称的。看一下镜子里写了签名的吸墨纸，试着读出来。你一个字也认不出来，即使是写得清清楚楚的字也一样：因为与寻常的状态不一样，字母向左倾斜，更重要的是——字母的排列不是你已经习惯的样子了。但是，在纸上再垂直放一面镜子，使它对着原来的镜子，——你会发现字母就恢复正常了。镜子把正常文字对称反向后的影子又对称了回来。

3.68　黑色的丝绒与白色的雪

哪个更亮：是太阳光下的黑色丝绒还是月夜下的白色雪花？

似乎没有什么东西能比黑色的丝绒更黑，也没有什么东西能比白色的雪花更白。但是，如果我们用一个普通的物理器材——光度计来观察这两个经典的黑白、明暗样板，情况就会变得完全不一样了。那时候，太阳光下最黑的天鹅绒也会变得比月色下最白的雪花更亮。

　　原因在于，不管物体表面颜色有多黑，它都无法将照射在它上面的光线完全吸收。甚至烟炭和炭笔——我们所知道的最黑的颜色——也会使 1% ～ 2% 的光线流失。我们假设黑丝绒会分散 1% 的光线，雪就会分散100%的光线（这当然有所夸张）①。众所周知，太阳光的亮度是月光的 400000 倍。所以，黑丝绒所分散的 1% 太阳光要比雪花分散的100% 月光密集几千倍。换句话说，太阳光下的黑色绒要比月光下的雪花亮几千倍。

　　上面的结论当然不只适用于雪花，它适用于所有的白色物体（其中最亮的是锌钡白，它能分散照射其中的 91% 光线）。由于任何物体表面（除非是白炽的）分散的光线都不可能超过照射其上的光线，而月光要比太阳光弱 400000 倍，所以不可能存在那样一种白色——它在月光下能比太阳光下最黑的颜色还要亮。

3.69　雪为什么是白色的？

　　为什么雪由透明的冰晶构成，但它是白色的？

　　原因跟碎玻璃，甚至所有磨碎的物体看上去是白的一样。在台阶上

①　刚降下的雪只能反射 80% 的光。

拍打冰块，用脚把它碾碎——你会得到白色粉末。这是因为，光线照射在透明冰块的粉末上以后，无法透过粉末，而是打在冰末和空气上反射（完全是内部反射）出去。由于冰块表面将光线向四面八方分散出去，所以眼睛看起来就是白色的了。

这说明雪的白色是因为雪花是粉末状的。如果雪花之间的空隙被水填满，那雪就不会是白色的，而是透明的。这样的实验不难做，如果你把雪花撒在罐子里，往里倒水，雪花就会从白色变成透明的了。

3.70　闪闪发亮的靴子

为什么刷过的靴子会闪闪发亮？

黑色鞋油和刷子里面似乎都没有什么东西能制造出闪闪发亮的效果，所以，靴子刷过后的光亮在很多人看来就像一个谜。

为了找到谜底，首先要弄清楚抛光发亮的表面和毛表面有什么区别。通常很多人都认为，抛光的表面是光滑的，而毛表面是粗糙不光滑的。这是错误的：抛光表面和毛表面都可能是不光滑的。绝对光滑的表面是不存在的。如果用显微镜观察抛光过的表面，我们就会看到一幅像用显微镜观察刮胡刀刀刃时的景象；对于缩小了1000万倍的人来说，抛光过的光滑表面看起来就像是一座座小山丘。任何表面——不管是毛表面还是抛光过的表面——都有起伏、凹陷、刮痕。所有的问题在于起伏的程度。如果它们比照射在其上的光线的波长短，那光线就会正常地反射回来，也就是说，光线的反射角会等于入射角。这样的表面就会像镜子一样闪闪发亮，我们把它称作抛光表面。如果起伏的程度长于光线的波长，那么光线就无法正常地反射；被分散后的光线就无法产生镜子般的效果，表面也不会发亮，我们称它为毛表面。

由此可以推断，同一个表面被某些光线照射时可能是抛光的，而被另一些光线照射时又可能是毛的了。可见光的平均波长为半微米（0.0005毫米），起伏小于这个数值的表面就是抛光的；对于波长更长的红外线来说，那样的表面当然也是抛光的；但是，用波长非常小的紫外线照射，它就是毛的了。

回到我们的问题：为什么刷过的靴子会发亮？没有刷鞋油时，皮制表面会有许多上下起伏的地方，起伏的程度远超过可见光的波长，它就是毛的。刷上胶质鞋油后，粗糙的皮制表面就会覆上一层薄膜，它能够减缓起伏的程度，并把一些竖着的绒毛压平。使用刷子则能够将凸起部分的鞋油刷走用来填补凹陷的地方，这样，靴子表面的起伏程度就可能小于可见光的波长，鞋面就从毛的变成光的了。

3.71　透过彩色玻璃

透过绿色玻璃看红色的花，花会是什么颜色呢？看蓝色的花呢？

只有绿光才能够透过绿色的玻璃，其他的光线都会被阻拦；而红色的花只能反射红色的光，几乎不能反射其他颜色的光线。透过绿玻璃看红花，我们将接收不到任何光线，因为红花反射的唯一光线被玻璃阻挡了。所以，红色的花在绿玻璃后面看起来就是黑色的。

很容易就能明白，透过绿玻璃看蓝色的花也是一样，花会是黑色的。

对大自然有着敏锐观察力的物理学家、画家米·尤·比阿特洛夫斯基教授在自己的著作《夏季旅行中的物理学》中发表了许多关于这方面的有趣见解。

透过红色的玻璃观察花朵，我们很容易发现，纯红色的花，比如天竺葵，明亮得就像纯白色的一样；而绿叶看起来完全是黑色的，带着金属的光芒；蓝色的花（乌头，"骑士的马刺"[1]）则黑到在树叶的黑色背景下几乎找不到它们；黄色、玫瑰色和淡紫色的花会在不同程度上变暗。

---

[1]　"骑士的马刺"（рыцарские шпоры），即翠雀花（delphinium，дельфиниум），俄罗斯人将其喻为骑士们握在手中的马刺。——译者注

用绿色的玻璃观察，我们就会看见极其明亮的绿叶；白色的花在绿色的衬托下显得非常耀眼；稍微淡一点的是黄色和蓝色的花；红色的花就完全是暗黑色的了；淡紫色和淡粉色的花则会暗淡发灰，所以，野蔷薇淡粉色的花瓣就会比它浓密的叶片看起来还要暗。

最后，透过蓝色的玻璃观察红色的花朵，花又变成黑色的了；白色的花很明亮；黄色的是全黑的；天蓝色和蓝色的花则像白色一样耀眼。

由此不难理解，比起其他颜色的花，红色的花能够将多得多的红色光线反射到我们眼中；黄色的花能反射几乎相等数量的红光和绿光，但反射的蓝光非常少；粉红色和紫色的花能反射许多红光和蓝光，但能反射的绿光很少，等等"。

3.72 红色的信号灯

为什么铁路的停车站信号灯是红色的？

比起其他颜色的光，红光的波长较长，它就不容易被空气中的浮尘颗粒分散。红光穿透的距离比其他任何颜色的光都长。而停车站信号灯可见距离的长短是非常重要的：要想顺利地将列车停下，驾驶员必须在距离停靠点很远的地方就开始刹车。

利用波长长的光线在能见度高的大气中穿透距离长这一原理，人们制作了红外天文滤光镜来拍摄星球表面（尤其是火星）。在用只能穿透红外光线的滤光镜拍摄出来的照片上，用普通照相机都无法观察到的细节却清晰可见。用这样的滤光镜能够将星球表面呈现得一清二楚，而普通的照相机只能拍到大气层的云朵。

选择红光作为停车站信号灯的另一个原因是，比起蓝色和绿色来，我们的眼睛对红色更为敏感。

第四章　视觉欺骗

4.1　视错觉

　　这一章要讲的视觉骗局，——并不是我们视觉的一些偶然的伴随现象。它们只在非常固定的条件下出现，具有规律现象的恒常性，并且是所有正常人的眼睛都会遇到的。关于人们容易在某些环境下受视力错觉迷惑，不能正确认识所看事物这一点，我们大可不必总觉得这是个缺点，是我们机体的缺陷，而没有这一点对我们就绝对有益。画家就不会接受这种绝对正确的视力。对他们来说，我们在一定条件下不能认识事物的真实情形这一点是非常幸运的，它使艺术创造手段大大丰富了。"写生画家们最善于利用这种普遍适用的欺骗性，"——18 世纪著名数学家欧勒这样写道。他进一步解释说："——整个绘画艺术都建立在这一欺骗性的基础之上。如果我们习惯于按本真去评价事物，那这项艺术就不会有立足之地，我们也会在某些时候成为了盲人。美术家徒劳地用混合的色彩竭力表现自己的艺术，而我们只会说：在这块板子上有个红色斑点，这是个天蓝色的，这儿有个黑的，那边是几条发白的线；它们都在同一表面上，板子上看不出任何距离上的差异，也没能描绘出任何事物。不管图画上画了什么，又画得多么清晰明了，我们可能仍要去努力弄清每个不同颜色的斑点的含义。在这种极致状态下，我们不再能享受美术作品每天给我们带来的愉悦和教益。这难道不值得惋惜吗？"

尽管视觉骗局使画家、物理学家、生理学家、医生、心理学家、哲学家及所有好学的人都产生了浓厚兴趣，但至今我们也没有一部出版物能或多或少地总结出视错觉现象的各种实例[1]。

这一章主要是写给广大的业余爱好者看的，是对视觉骗局主要类型的一个尝试性总结。这些例子都是普通肉眼能观察到的，不用借助显微镜或打孔卡片等辅助措施。

说到造成各种视觉骗局的原因，则只有极少数的视错觉现象有确定而无可争议的解释；这其中包括由眼睛构造导致的视错觉：光渗、马略特盲点、象散现象等等。关于其它多数的视觉骗局也有很多可论述的东西——在西方关于这些现象有丰富的文献，——却没有任何明确的结论（除了肖像错觉）。

为了方便讲解，我们先以 149 页图 101A 为例；一些白色圆形斑点以某种方式排列在黑色背景上，这些圆点远看似乎变成了六角形的。造成这种错觉的原因基本上被认定为是所谓的光渗现象——即图案的浅色部分让人感觉有所扩大（对此物理学有简单明确的解释）。"由于光渗而

[1] 据我所知，只有俄罗斯出版的一本小册子：奥利尔亨 П.M.《视觉及其骗局》（1911）；里面列举了 20 个视错觉的例子。——作者注。现在关于这方面已有一些国内外作者的著作在系统地出版。如：马科维耶茨基 П.В.《看本质》莫斯科：科学出版社，1968；托兰斯基 C.《视错觉》莫斯科：世界出版社，1967。——编者注

变大的圆斑使它们之间的黑色间隙变小，"——波尔·维耶尔教授在他的《动物学讲义》中这样写道，就是说："每个圆斑周围都有六个其它斑点，而它在扩大时会受到相邻圆斑的阻碍，所以就像是被封闭在一个六角形中。"

但只要看看右边的图形就会产生疑惑（见 149 页图 101*B*）。这里黑色圆斑排列在白色背景上，同样发生光渗，却与上述解释不符：这里的光渗只能使黑色圆斑变小，却不能使它们从圆形变成六角形。为找到能解释这两种情况的通用法则，我们可以这样假设：在远离图形一段距离时，观看圆斑间的狭窄间隙的视角将减小，小到不能分辨斑点形状的程度。贴近圆斑的 6 个间隙都会变成粗细均匀的短直线，进而圆斑就以六角形为边了。这个假设也可以很好地解释一个奇怪的现象，就是在某一距离上观察，当白色部分仍然呈圆形时，其周围的黑边已经呈现六边形；只有在更远些的距离上，六边形才会从周边转移到白斑本身上。然而我的这个解释也只是个合理的猜测，这样的猜测还可能有好几个。我们还必须要证明，在某种情境下它们是真正的原因。

大多数对视错觉现象（除了前面提到的极少数有明确原因的）的尝试性解释都带有不确定性，难以让人信服。对有些视觉骗局至今也没有任何解释。而对另一些，则相反，有太多的解释，其中每个解释单独看来都足以成立，但其他一系列解释的存在又削弱了这个解释的说服力。

我们来看一个著名的、早在托勒密时代就开始讨论的、关于太阳在地平线上会变大的问题。关于这个问题大概有不少于 6 种的合理解释。每个解释的不足之处仅在于还存在其它 5 种同样好的解释……显然，几乎整个视错觉领域都还处在研究的前科学阶段，需要建立基本的研究方法准则。

　　由于在这一领域的理论方面还缺乏稳定明确的成果，因而我倾向于仅对无可争辩的那些事实材料做描述，且不解释其形成原因，只要书中囊括所有视错觉的主要类型就可以了[①]。只有对与肖像有关的错觉我在本章末尾给出了解释，因为这方面的解释很明了且不容置疑，足以对抗长久以来围绕这种独特的视觉骗局（肖像）所产生的各种迷信说法。

　　下面的插图都能用视错觉现象解释。这些错觉现象都是由于眼睛特殊的构造和生理特征造成的：这些错觉与盲点、光渗、象散、视觉印象留存和视网膜疲劳等有关（见图 61~67）。在关于盲点的实验中，部分视野消失的情况也可以通过另一种方式发现，就像马略特在 18 世纪第一次尝试的那样，效果其实会更让人惊讶。马略特说："我在黑色的底面上贴了一张小的白色圆形纸片，让它差不多同眼睛在同一高度上。同时让人在这张小纸片右侧两英尺且稍低的位置上摆另一张圆纸片，这样是为了保证在我眯起左眼时，第二张纸片的影像能落到我右眼的视神经上。

---

① 　筛选出的这些例子是我多年收集材料的结果。其中我剔除了那些虽然公开发表了但不适用于普通肉眼或不太容易感觉到的例子。——作者注

当我离开 9 英尺时，第二张纸片，大概 4 英寸大小，就完全从视野中消失了。

我不认为第二张纸片的消失是因为它处在侧面，因为我能看到比纸片位置更偏侧的物体。我原本会以为纸片被拿走了，但我稍稍移动了一下眼睛却又看到了它……"

在这些生理性视觉骗局之后有大量更多的心理性视错觉，它们大都没得到清楚的解释。似乎只有一点是确定的，就是心理性视错觉都是由先入为主的、错误的、不自觉和下意识的判断造成的。这里错觉的根源是理智，而非感觉。关于这一点坎特有精辟的论述：

"我们的感觉之所以不欺骗我们，不是因为它总能正确地判断，而是因为它根本就不做判断。"

4.2　光渗

从远处看，下面的白色图形——圆形和方形——似乎比上面黑色的要大，虽然它们实际上是一样大的（图 61）。距离越远，错觉越强烈。这种现象叫光渗。

从远处看，左边带黑色十字的正方形的四个边似乎被从中间向里挤压了，就像下边图形显示的那样（图 62）。

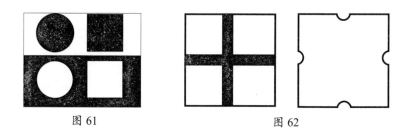

图 61　　　　　　　　　　图 62

光渗产生的原因是因为浅色物体的每一个点在我们视网膜上的成像都不是一个点，而是一个小圆圈（这是所谓球面像差造成的）；所以在视网膜上浅色物体的边缘是一条小光带，这就扩大了它的面积。而黑色物体则由于其浅色背景的边缘侵占面积而显小。

4.3　马略特的实验

闭上右眼，在距图 63 20~25 厘米的位置上用左眼看着靠上那个十字，你会发现，中间的大的白色圆斑完全消失了，而它旁边两个小圆斑却清晰可见。如果不移动该图，用左眼看着靠下的十字，那么圆斑只会部分地消失。

会出现这种现象，是因为刚才眼睛与图形的相对位置使圆斑的映像刚好落到所谓的盲点上，也就是视神经所在的位置，这一位置对光的刺激不敏感。

图 63

4.4 盲点

这个实验是上个实验的变式。用左眼看图 63a 右边的十字，在距图形上方一定距离时，黑色圆斑会完全消失，但它两边的圆圈却能被看见。

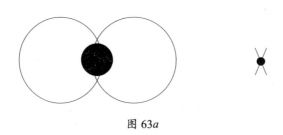

图 63a

4.5 哪个字母显的更黑些

用一只眼睛看这几个字母。是不是所有字母都一样黑？通常会有一个字母看上去比其他字母更黑（图 64）。但只要将该图旋转 45° 或 90°，显得更黑的字母就会变成另外一个了。

图 64

　　这种现象是由所谓象散现象造成的，也就是由眼角膜在不同方向上（垂直或水平）的不同凸度造成的。很少有眼睛能完全摆脱这种缺陷。

4.6　象散现象

　　图 65 给出了另一种（相对前一种来说）发现眼睛象散现象的方法。将该图贴近被测眼睛（闭上另一只），到某个足够近的距离时我们会发现，有两个相对的扇形会显得更黑，而另两个则呈灰色。

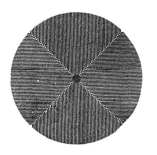

图 65

看图 66，将其左右移动。你会感觉自己的眼睛在插图上移动。

这个错觉是由于眼睛在某物消失后的短暂瞬间仍会保留视觉印象的特性造成的（这一特性也是电影艺术存在的基础）。

将目光集中在图 67 上面的小正方形上，约半分钟后你会发现，下面的那条白带消失了（因为视网膜疲劳）。

图 66   图 67

4.7　缪勒—莱依尔错觉

图 68 中 bc 间的线段似乎比 ab 间的线段长，而实际上它们一样长。

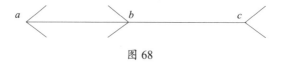

图 68

　　上图的一个变式：图 69 中垂直的直线 A 似乎比与其等长的直线 B 要短。

　　图 70 中右边轮船的甲板似乎比左边轮船的甲板短，但实际上它们是用同等长度的直线画出来的。

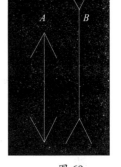

图 69

图 70

　　图 71 中 AB 间的距离似乎比 BC 间距离小得多，但实际两者相等。

图 71

　　图 72 中 AB 间距离看上去比 CD 间距离大很多，但其实二者相等。

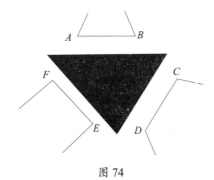

图 74

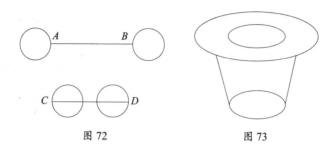

图 72   图 73

图 73 中底部的椭圆形似乎比顶部内圈的椭圆形大，但实际上二者一样大（环境影响）。

图 74 中实际等长的线段 *AB*、*CD*、*EF* 看上去并不等长（环境影响）。

图 75 中左边被横向箭头划过的长方形，看上去比右边被纵向箭头划过的长方形要长，但其实它们等长。

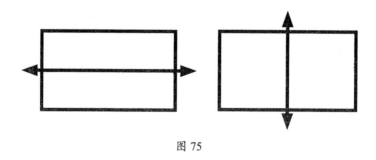

图 75

图 76 中图形 *A* 和 *B* 是相等的正方形，但前者却显得比后者要高且窄。

图 76

图 77 的高度似乎比其宽度大，但其实是相等的。

图 78 中礼帽的高度似乎大于其宽度；实际却相等。

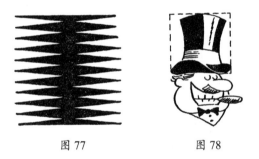

图 77　　　　　　　图 78

图 79 中线段 AB 与 AC 等长，虽然前者看上去要长些。

图 80 中线段 BA 与 BC 等长，虽然前者看上去要长些。

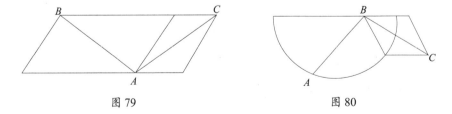

图 79　　　　　　　　　图 80

图 81 中 *MN* 两点间的距离看上去比与其相等的 *AB* 两点间的距离要小。

图 82 中垂直的窄木板看上去比底下平铺的木板要长，但实际是等长的。

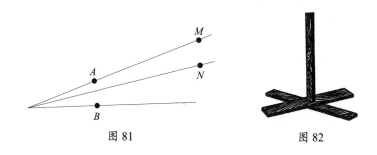

图 81   图 82

图 83 右边的小圈看上去要比和它一样大的左边的小圈要小。

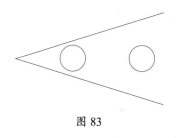

图 83

图 84 中 *AB* 间的距离看上去比与其相等的 *CD* 间的距离小。从远处看错觉效果会加强。

图 85 中下方的圆形分别与上方两个圆形间的空白似乎比上方两个圆

形外缘间的距离要大，但实际却相等。

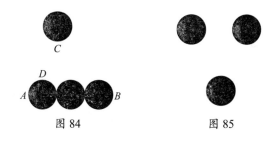

图 84   图 85

4.8 "烟斗"错觉

图 86 中右边的短横线似乎比左边的短横线要短，其实它们都等长。

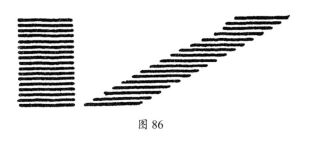

图 86

4.9 印刷字体错觉

图 87 中每个字母的上下两部分看上去都一样大。但将该图翻转一下

就会很容易发现，字母的上半部分都要小些。

图 88 中三角形的高都被平均地分成了两半，但看上去，似乎靠近顶

角的那一半要短。

X38S

图 87

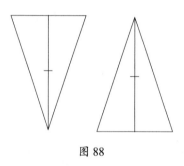

图 88

4.10　波根多夫错觉

图 89 中如果将右边的两条弧线延伸，那它们会与左边的两条弧线末

尾相接，但看上去，右边弧线延伸后会低于左边弧线。

图 90 中与黑白条带相交的斜直线，从远处看似乎是曲折的。

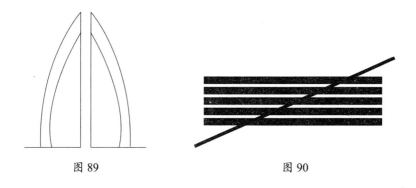

图 89　　　　　　　　　　　　　图 90

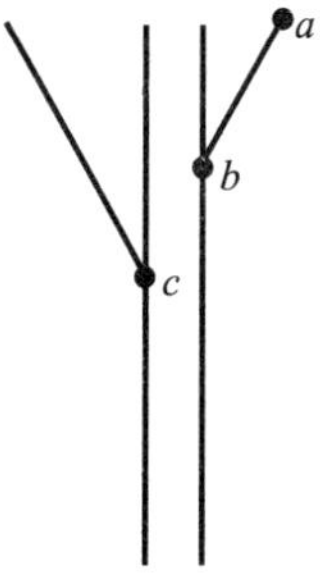

图 91 中 c 点在 ab 直线段的延长线上，但看上去却比延长线要低。

图 92 中两个图形完全一样，虽然上面的图形看上去比下面的要短且宽。

图 93 中这些折线的中间部分看上去是不平行的，但其实它们是严格平行的。

图 91

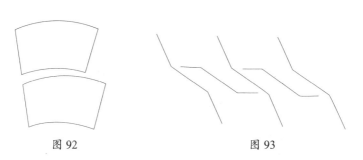

图 92　　　　　　　　　　　　　图 93

4.11 策尔纳错觉

图 94 中的长斜线都是平行的，虽然看上去是发散的。

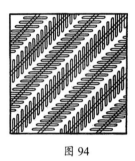

图 94

4.12 黑林错觉

图 95 中中间的两条从右往左的线是两条平行直线，虽然看上去像两条向彼此突出的弧线。

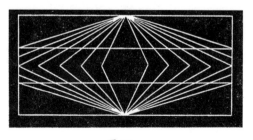

图 95

错觉在如下情况下会消失：1）当你将图形举到眼睛的高度，用目光沿着直线扫视时；2）当你用铅笔头指着图形上的某个点并将目光集中到这一点上时。

图 96 中下面的弧线似乎比上面的弧线曲度更大，但其实两条弧线是一样的。

图 97 中三角形的三边似乎是凹陷的；但其实是直的。

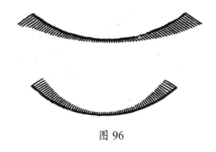

图 96

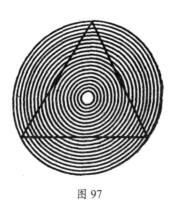

图 97

图 98 中这串字母都是被笔直地画出来的。

图 99 中的曲线看上去是螺旋形，但其实是一些沿着逐渐变细的黑色条带所画出的许多圆周，这点也很好证明。

图 98　　　　　　　　　　　图 99

图 100 中的曲线看上去好像是椭圆的；但其实是圆形的，用圆规一量就知道了。

在一定距离上看，图 101 中的小圆斑（不管黑的还是白的）都会变成六角形。

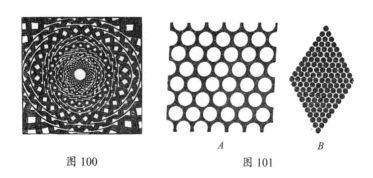

图 100　　　　　　　　　*A*　　图 101　　*B*

4.13　照相凸版印刷错觉

从远处看图 102 的这张网，很容易分辨出一双女人的眼睛和鼻子的一部分。

该图形是照相凸版印刷（平常的书本插图）的一部分放大 10 倍后的效果。

图 103 中上方的人影看上去比下方的人影大，但其实是一样大的。

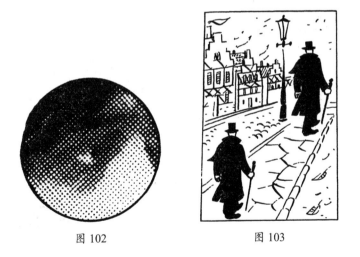

图 102　　　　　　　　　图 103

图 104 中的这个圆圈能不能被放到直线 *AB* 和 *CD* 之间呢？凭肉眼看上去是可以的，但实际上圆圈要比两条线间的距离宽。

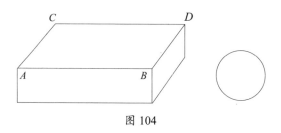

图 104

图 105 中 *AB* 的距离看上去比与其相等的 *AC* 的距离要长。

将图 106 左边图像举到与眼睛持平的位置，目光沿图扫视，我们就会看到像右边一样的图像。

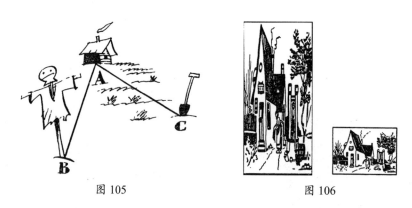

图 105　　　　　　　　　图 106

将一只眼睛（闭上另一只）靠近图 107 中这些竖线的延长线相交的那一点。你会看到很多似乎是扎到纸上的大头针。将该图稍微左右移动时，大头针就仿佛晃动起来。

长时间观看图 108，你会觉得一会儿是上面的两个立方体突出来，一会儿是下面两个立方体突出来。你可以随自己的心愿，借助想象力，想象任何一种情形。

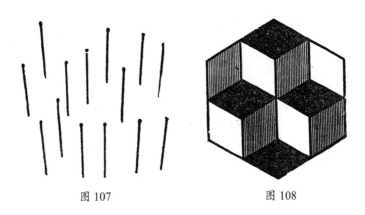

图 107　　　　　　　　图 108

4.14　施勒德阶梯

　　图109可以被看做三种事物：1）这是个楼梯；2）这是个阶形凹槽；3）这是张被折成扇子后又斜向拉开的纸带。这些影像可以不由自主或随人意愿地互相交替。

　　你可以根据自己的意愿将图110看成三种事物，可以是缺了一块的长方体木块（平面 A、B 即缺的那部分的后壁），可以是一角上长了一个小木块的长方体木块（A、B 面就是小木块的前壁），可以是一个向上开口的空箱子的一部分（一个底面和两个侧壁）和一个紧贴箱子内壁的小木块。

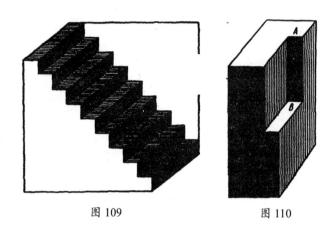

图 109   图 110

在图 111 中这些白色线条的相交处会有些发黄的方形小斑点时隐时现，好像在闪烁。事实上，这些线条从头至尾都是纯白色的，这一点也很好证明，只要用纸将与白色线条相邻的黑方块都遮盖起来即可。这种现象是对比的效应。

图 112 是图 111 的变式，——但这里是在黑色线条上出现白色斑点。

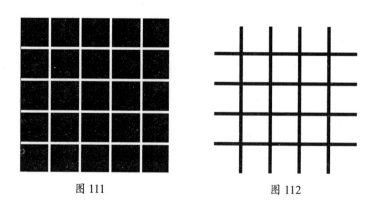

图 111   图 112

图 113 从远处看，上面有四道像凹槽一样的条纹；在同相邻更深色条纹相接处，它们会显得更浅。但若将相邻的条纹都遮住，以此排除对比的干扰，就会发现，每道条纹都是均匀的。

聚精会神地盯住图 114 中肖像上的任何一点，眼睛不要动，保持一分钟；然后将目光迅速移到空白的纸，浅灰色系的墙面或天花板上——你会瞬间在这些背景上看到相同的肖像，只是黑白颠倒了而已。

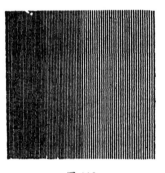 

图 113   图 114

4.15 西尔维纳斯·汤普森错觉

如果我们使图 115 旋转起来（转动书本），那么所有的圆圈和中间的齿轮都将仿佛旋转起来。各自围绕中心，以书本运动的速度和方向旋转。

图 115

　　在图 116 左边你会看到一个突出的十字形，在右边——凹陷的十字形。但若将两图上下颠倒——两个十字形的位置就会调换。实际上两张图是完全一样的，只是摆放角度不一样罢了。

图 116

　　图 117 中这个人的双眼和手指看上去是直对我们的，并在我们朝左

右移动时追随我们。

我们早就发现一些肖像有这样一个有趣的
特征，仿佛它们的眼睛能追随观赏者，并且，
不管观赏者在哪个位置，肖像总能将脸都转向
他们那边。这个特征令一些神经敏感的人害怕，
许多人将其看做是超自然的并由此而产生了一
系列迷信的想法、传说和科幻小说（比如果戈
理的《肖像》）。然而这一有趣的视觉骗局的原
因却非常简单。

图 117

首先，这种错觉并不只在肖像画上出现——其他画上也有。如果一
门大炮被描画或拍摄成炮口朝向观众的样子，那当观众走到作品左侧或
右侧时，炮口也会转向左边或右边。如果画上有一辆直驶向观众的马车，
那你也是怎么都躲避不开的。

所有这些现象都有一个共同且极其简单的原因。如果我们看到画上
的炮口正对我们，而我们走到一边时，当然会看到它还在先前的位置上，
对于平面图像来说这是再自然不过的，也不会有别的可能，但现实中的
大炮只有在将其炮口转向我们时才可能有这样的效果。由于我们在看画
时想象的是真实的事物，所以我们才会觉得事物改变了位置。

这点同样适用于肖像。如果肖像被描画成面部和双眼都正对我们的

样子，那当我们走到一侧，重新观看肖像时，就会发现，其面部相对我们的位置并未改变（就像画上的任何东西都未改变一样）；也就是说，我们注意到，肖像的头好像转向了我们这边，——因为现实中的人脸从侧面看会是另一种情形，只有在它转向我们时，才能保持先前的样子。当肖像画得非常逼真时，其效果是惊人的。

现在清楚了，肖像的这个特征根本没什么可惊讶的。要是没有这个特征倒会让人大为惊讶。事实上，如果我们走到肖像的一侧而能看到人脸的侧面，那不是奇迹吗？而实质上，那些迷信肖像能转动面部的人们原本期待的正是这种奇迹。